Dream
Design
Live

你不可不知的经典设计

全球好物
装我家

Kim **贺子戎** ——

编著

U0221063

化学工业出版社
·北京·

图书在版编目（CIP）数据

全球好物装我家：你不可不知的经典设计 /Kim 贺
子戎编著．—北京：化学工业出版社，2020.9（2023.8重印）
ISBN 978-7-122-37245-1

Ⅰ. ①全…　Ⅱ. ①K…　Ⅲ. ①家具—历史—世界
Ⅳ. ①TS664-091

中国版本图书馆 CIP 数据核字（2020）第 104681 号

责任编辑：孙梅戈　　　　　　　　　　　装帧设计：Fredie.L
责任校对：边　涛

出版发行：化学工业出版社（北京市东城区青年湖南街 13 号　邮政编码 100011）
印　　装：北京宝隆世纪印刷有限公司
710mm×1000mm　1/16　印张 14　字数 280 千字　2023 年 8 月北京第 1 版第 5 次印刷

购书咨询：010-64518888　售后服务：010-64518899
网　　址：http://www.cip.com.cn
凡购买本书，如有缺损质量问题，本社销售中心负责调换。

定　　价：98.00 元　　　　　　　　　　　　　　版权所有　违者必究

序言

当得知Kim将出版这本书时，我很欣喜，与Kim共事《ELLE DECORATION家居廊》的回忆也涌上心来。当时从选题、采访、写稿、排版到外景拍摄、家居摆场、设计周观展、新品大秀等，看到他在家居设计领域学习一路成长至今。终于，细心且审美品位独特的他，将自己多年对设计与生活的理解汇集到这本书中。那些来源我们多年走遍世界各地所看到的美好生活方式，将被永久记录与保留，于读者而言，这本书传递的或许是某个装修细节，也或许是某种生活方式。

2020年席卷全球的"疫情"虽然让我们陷入到了焦虑的情绪中，但也是给我们一个深入的机会，重新感悟"家文化"的真谛。突然发现，原来我们内心最后的安全感，全部来自这个或许不大却很温暖的场所，于是，我们希望从今可以认真生活。

就像"Living with Design（与设计一起生活）"《ELLE DECORATION家居廊》的办刊理念，将设计融入生活，你也可以在这里读到一些或许是你第一次了解的独特的家居设计理念。从不同家居单品到整体家居搭配，从品牌创立故事到当下爆款产品，讲述着设计、人物、故事与生活。从媒体人到设计品牌公关，Kim从记录者到参与者的角色身份变化，也丰富了他对这些品牌的深入了解。走访过全球几十个国家，书中有大量采访自一线的一手资料，也更加真实地将这些设计故事还原起来。

或许这本书能够给你带来一些新的生活价值观参考，当设计走进生活，你能体会到全新的更具深度的生活乐趣。小到一个垃圾桶的绝妙设计，大到一个经典品牌的家族故事，不论是粗茶淡饭间还是百年浮沉中，你总能探索出一份专属自己的生活理念。

希望你能从这本书中找到家庭装饰的好物，也希望你能够从这些设计中找到独一份的生活方式，然后活出精彩。

《ELLE DECORATION家居廊》首席内容官

孙信喜

前言

这些年我一直从事家居领域的工作，在设计杂志待过，也做过室内设计，现在还给意大利家具品牌做公关。身边一直有朋友让我推荐好的家居单品，还有朋友的朋友经介绍来找我设计屋子、做软装搭配。

我发现他们中间有很多人其实是不缺预算的，但是因为对设计品牌不了解，所以买家具的时候就变得有些无从下手。一方面，本土品牌和宜家已经无法满足他们的需求，而网购的水又太深；但另一方面，居然之家和红星美凯龙的进口品牌为什么贵？好在哪儿？他们并不了解。这就导致了可供他们选择的余地很小。

早些年的时候，很多人对于追求奢侈品乐此不疲，却欣然接受趴在茶几上吃塑料盒装的外卖。

不过这两年的大环境也在逐渐改变，我们身边开起了很多家居买手店和中古家具店。大家对于这些设计品牌的接受度也慢慢变高了，同时也更加关注自己的居家生活。特别是在疫情之后，似乎大家都发现了"宅家"的意义，也愿意投入更多精力和财力在家里。

所以，我想现在是个合适的机会让更多的人知道这些设计品牌，告诉他们这些品牌为什么好，给大家多提供一个选择。

我们在看设计单品的时候，其实并不能单纯只把它看作是一件"家具"。就像你买的爱马仕、香奈儿，抛开溢价它不过只是个包，却因为品牌的历史、精湛的手工艺、别致的设计、成功的营销等，让它们变成了一个丰富的、超越单纯一个包包的存在，变成了文化输出，而这些家居设计单品也是如此。

这虽然是一本介绍经典设计的书，但说白了也是个好物推荐，希望大家看的时候都带着一个问题——这些东西好在哪儿？

至于答案，就留给大家去书里找吧！

Kim贺子戎

目录

ARTEK
艺术与技术的统一

宜家致敬阿尔瓦·阿尔托（Alvar Aalto）的不仅仅有富洛塔（Frosta）凳，就连一年能卖150万把，被誉为宜家最大卖单品的波昂（Poäng）扶手椅也是其中之一。

黄铜质感一直是我的心头好，当初在北京一家买手店看到一盏金色黄铜吊灯，立马买下拿回家。且不说它的流线造型干净利索又充满设计之美，单是那闪烁的光泽就叫我迈不开腿了。

说出来吓一跳，这盏灯看上去现代感很强，其实诞生于1937年，算算也是80多岁的老人家啦！它原本是建筑师阿尔瓦·阿尔托为芬兰赫尔辛基的一家餐厅所设计，同一年又代表芬兰参加了巴黎世博会，大受欢迎。虽然设计师只给了它一个编号——A330S，但

A330S 吊灯

阿尔瓦·阿尔托

宜家家居常年热卖的
Frosta凳就是致敬阿
尔瓦·阿尔托的作品

大家都更喜欢叫它"金色铃铛",又亲切又形象。

讲到芬兰设计,被称为"北欧现代设计之父"的阿尔瓦·阿尔托是一个怎么都绕不开的人物,他曾致力于用"蒸汽热弯曲木"技术来打造家具流畅的弧线造型,而这又给了"设计界最强夫妻档"伊姆斯(Eames)夫妇和"日本工业设计之父"柳宗理无限启发,才设计出DCW / LCW椅和蝴蝶凳这样的绝世佳作。

早在1920年代后期,阿尔瓦·阿尔托就开始进行各种曲木技术的试验,利用蒸汽将桦木片压制弯曲成多层次的完美弧度,并作为椅子的支撑结构。他在1933年推出了这把划时代的Stool 60凳,代表了热弯曲木技术的成熟,为设计界开辟了一条全新的道路。

Stool 60凳最大的设计亮点——L形凳腿的造型后来被运用到了无数家具上,影响之大简直超乎想象,从宜家的致敬就很能说明问题。

对比宜家用的胶合板材料加木纹贴皮,这把Stool 60凳则是将桦木实木用蒸汽逐层热压制成。在很多北欧风格的家居图片中,我们都能发现这把经典的凳子,不同的颜色摆放在一起非常活泼,很适合朋友聚餐时一人选一把,叠起来也不占地儿、便于收纳,还能当作床头柜,简单又耐看。

其实宜家致敬阿尔托的不仅仅有富洛塔凳,连一年能卖150万把,被誉为宜家最大卖单品的波昂扶手椅也是其中之一。

阿尔瓦·阿尔托设计的403扶手椅

波昂扶手椅致敬的是401扶手椅，后者同样是1933年的作品，两把椅子的支架几乎一样，悬臂扶手和高靠背赋予了这款扶手椅非常舒适的体验。为了确保经年使用后依然能保持完美平衡，两边的扶手特别用一整块桦木一切为二来制作，可以说是独具匠心。

阿尔瓦·阿尔托自然是影响了无数后来者，那谁又曾影响过他呢？答案就是现代主义建筑学派的奠基人之一——包豪斯学校的校长——格罗皮乌斯（Walter Gropius）。

格罗皮乌斯有句名言——艺术与技术是一个崭新的统一体。技术代表了科学的工业生产方法，而艺术的概念也早已超出了美术的范畴，进入到设计与建筑领域。现代主义学派正是希望将艺术与科技完美

被誉为宜家最大卖单品的波昂扶手椅

结合，这也给了阿尔瓦·阿尔托和他的伙伴们无限启发。

1935年，为了促进现代生活文化，阿尔瓦·阿尔托和他的妻子以及另外两位朋友一同创立了家具品牌Artek，品牌的名字就是Art加上Technology（艺术加技术）。上面提到的所有单品如今依然

Savoy花瓶流线型的造型像是湖岸线的边缘

1937年开始经营的Savoy餐厅由阿尔瓦·阿尔托一手打造，被誉为赫尔辛基风景最棒的餐厅，至今仍吸引了无数设计发烧友与老饕们去朝圣

是Artek的热卖款，各个产品都是一件顶一百件的经典。

阿尔瓦·阿尔托还有一件我特别喜欢的作品——以芬兰的湖泊为灵感而创作出的Savoy花瓶（目前花瓶的版权归属于另一个芬兰品牌Iittala），流动性的造型就像是湖岸线的边缘，灵动又流畅。

这个花瓶之所叫做Savoy，是因为1937年阿尔瓦·阿尔托为赫尔辛基Savoy餐厅设计空间时而一并设计的。在当时的欧洲甚至全世界，建筑师设计一个案子时，从外到内、由上而下、从家具到饰品全都一手包办是非常普遍的。原因之一是当时设计工业的分工并不像如今这般细致，另一个原因是当时正处于第一次和第二次世界大战之间，资源并不像今天这样随手可得，所以建筑师事无巨细都得亲自参与。难怪那个大师辈出的时代，设计师没有过硬的功底真的很难立足啊！

对了，我在一开始说到的那盏金色铃铛，最初就是为这个餐厅打造的。1937年开始经营的Savoy餐厅被誉为赫尔辛基风景最棒的餐厅，至今仍吸引了无数设计发烧友与老饕们去朝圣。下回去赫尔辛基，我可一定要把它塞到攻略里！

ARTEMIDE

敢当人类之光

就像 Artemide，每一件设计的起点都不是从外形好看与否开始的，功能与作用是根本，而当这一切问题都解决了，设计出来的造型恰好就是这样好看，这才是真厉害！

NH1217 灯

圣诞节是我最爱的节日之一，可以花各种心思将家里装点一新，而且能选择的素材也很多。各种有主题性的植物、餐具器皿、精美饰品……连我很喜欢的意大利灯具品牌Artemide都推出了圣诞挂饰，是不是很神奇？

其实这款名为NH1217的灯并不是真正的圣诞挂饰，但它的灵感的确源自于圣诞挂饰，就像一颗被挂在圣诞树上的小彩球。它的主体是一个简单的光球，加上环状镀铜附件后就看上去特别有质感。这个镀铜附件的灵感来自别针的形状，有了它，这

NH1217灯一经推出就大受欢迎，所以这盏灯也逐渐发展成了一个庞大的体系——地灯、壁灯、吊灯等。特别是其吊灯系统，可以通过金属组件将灯具不断穿插连接，达到无限延伸的效果

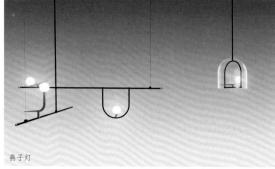

燕子灯

盏灯不但能稳当地直立在桌面上，也能以任意一个角度放倒，还可以被挂起来，变成一盏壁灯，轻松融入各种生活场景。

因为一推出就大受欢迎，所以这盏灯也逐渐发展成了一个庞大的体系，特别是其吊灯系统，可以通过金属组件将灯具不断穿插连接，达到无限延伸的效果。

值得注意的是，NH1217灯是在国际上知名度很高的华人设计师组合如恩设计（Neri & Hu）的作品。之所以叫NH，其实就是他俩名字的首字母缩写，而1217就是这盏灯的发售日期。

如恩设计这些年在国际上的势头越来

越猛，产品和空间设计两手抓，项目遍及全球。前两年韩国首尔特别红的"打卡圣地"雪花秀旗舰店就是两位的作品。NH1217灯也并不是他俩第一次与Artemide合作，在这之前，他俩已经为Artemide推出了非常标志性的作品——Yanzi燕子灯系列。

燕子灯以一种很意象的方式捕捉到鸟儿在枝杈上休憩或是在竹笼中叽叽喳喳的画面，极简的线条让它看上去动感十足，充满奇妙的生命力，枝杈上的燕子好像一不留神就会扑腾着飞起，十分有趣。燕子的"身体"是用拉丝黄铜制作的，看上去质感非凡！

你看这两个系列是不是都非常有"网

Tolomeo 台灯是 Artemide 所有灯具中销量最高的一款，这是世界上第一个运用平衡支架原理的台灯，如今也发展成了一个大家族，甚至还有超大号的 Tolomeo 落地灯

红相"？其实 Artemide 最厉害的地方绝不仅仅是做一个外观好看的产品，他们对于灯光技术和材料的研发那才真的让人肃然起敬，无愧于 "The Human light"（人文照明）这样的赞美。

之前和一位设计师聊天，她说到自己卧室床头两边用的都是 Artemide 的 Tolomeo 壁灯，灯头可以任意调节角度，躺在床上看书的时候非常方便。

在欧洲的很多酒店，我们能经常看到 Tolomeo 灯的身影，比如华沙 Novotel 酒店的房间，不但台灯用的是它，就连扶手椅旁的落地灯和床头的壁灯也全是这个系列。再举个例子，Artemide 在日本市场超过 60% 的销量竟全是由 Tolomeo 这一个系列缔造的。

Tolomeo 台灯是世界上第一个运用平衡支架原理的台灯。小时候我们都用过这样的支架式台灯，但很多都是由螺丝来连接

O 户外灯

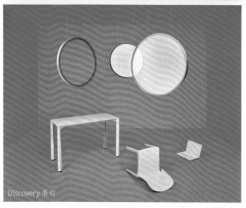

Discovery 吊灯

度旋转的灯头，造就了一个几乎没有死角的照明系统。也正因如此，它的适用范围极其之广，不但是Artemide史上的销量冠军，还荣获了代表意大利设计界最高荣誉的金罗盘奖。

由意大利工业设计协会（ADI）评定的金罗盘奖，永远是颁给那些极具创意或有革新性技术突破的设计产品。2004年，意大利文化遗产与活动部宣布，"具有特殊艺术价值和历史性"的金罗盘奖获奖作品"属于国家遗产"，足见其含金量！

2018年Artemide又斩获了金罗盘奖，这一次获奖的是Discovery系列吊灯。这是一款非常神奇的灯，当它关着的时候，就是一个近乎透明的铝制金属圆环，存在感极弱。若把它打开，附着在圆环上的LED发光体就会通过圆环围绕的高科技聚合物由四周向圆心发光，变成一个耀眼的发光圆盘，让人无法不注意到它的存在，这也是它之所以被称作"Discovery"（发现）的原因。

支架的关节部位，时间久了容易松动。如果需要把灯头抬到某个高度，它还会自己往下落半截，你再抬、它再落，来来回回好半天，做功课的心情都没有了。

Tolomeo灯的灯架结构则是通过弹簧与钢线的拉力来完成，无论怎么调整角度和高度，绝对是指哪儿打哪儿分毫不差，不会因为时间久了就出现松动的现象。超灵活的灯架再加上可以360

这款吊灯推出的垂直悬挂版是我最喜欢的一个版本，看图就能一下子领会到它的美。虽然它采用的是典型的西方设计语言，却总让我想到东方园林的意境和中式屏风那种"犹抱琵琶半遮面"的感觉，简单一个圆环竟有这么丰富的意境，确实厉害。

Gople 吊灯

Artemide的技术之强还体现在他们对于Li-Wi技术的掌握——有光便有网——是不是听着就觉得很奇妙？用自己家的灯光来发射网络信号，再也不用担心隔壁偷网啦！这全是因为Artemide在灯具里植入了一个网络信号发射器，只要回家把灯打开，网络就连上了。当然，要是你想关了灯躺在床上看手机，也可以选择一种红外线发射器，这样一来即便关了灯也不会影响网络信号。

虽然各种灯光"黑科技"让人眼花缭乱，不过可不仅仅是技术高明就能够称得上人文照明的。在我看来，Artemide之所以能成为行业老大哥，还在于品牌从产品中透露出各种人文理念，比如对于自然的尊重。像户外灯O，就做成一个简单的圆环，占用极少的空间去创造一个户外灯具，白天不亮灯的时候有种近似隐形的效果，晚上开了灯就是一个隐匿在自然中的光环，唯美得很。另外，这款灯还兼具红

外感应功能，传感器只有感应到有人即将走过的时候才会亮，走过不久便会熄灭。

另外还有一款LED版本的Gople吊灯，可以说是为了让植物能够在室内茁壮生长而专门设计的。特别的地方在于它有红、白、蓝三色光源——植物在室内生长，主要需要红光与蓝光，这款灯通过发射红蓝光，就可以让植物在室内生长得更好！除此之外，为啥植物的生长不需要绿光呢？当然因为植物本来就是绿的！这还真不是骗人的。

也正是Artemide让我真正意识到，一个好的灯具设计，绝不该止步于好看而已，我甚至不应该说好看只是第一步，这其实是有点儿本末倒置的。就像Artemide，每一件设计的起点都不是从外形好看与否开始的，功能与作用是根本，而当这一切问题都解决了，设计出来的造型恰好就是这么好看，这才是真的厉害！

B&B ITALIA
后来居上是怎么办到的？

当年在家具界小有所成的小伙皮耶罗·安布罗吉奥·布斯内利（Piero Ambrogio Busnelli）拿着创业计划努力游说卡西纳兄弟之一的西萨尔·卡西纳（Cesare Cassina）注资，这样一来Cassina就成为天使投资人，C&B Italia应运而生。

维伦多尔夫的维纳斯雕塑

1969年，意大利设计师盖特诺·佩斯（Gaetano Pesce）因为一个坐具系列一战成名，这个系列就是今天依旧在热卖中的Up系列。一个系列里总有那么两个是最受瞩目的，Up系列当初推出了7款不同的单品，又以Up5扶手椅、Up6脚凳最受欢迎。

这款扶手椅与脚凳的组合之所以如此受欢迎，很大一部分原因就是它那有着强烈视觉冲击力的造型，和同系列的其他几件产品相比，Up5扶手椅、Up6脚凳运用了十分传神的拟人化形态，就像是旧石器时代生育女神维伦多尔夫的维纳斯雕塑，丰满夸张的形态让人过目不忘。

Up5扶手椅和Up6脚凳

最早的Up5是真空包装

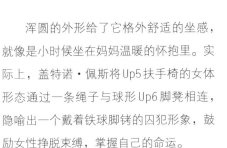
儿童版Up系列扶手椅

浑圆的外形给了它格外舒适的坐感，就像是小时候坐在妈妈温暖的怀抱里。实际上，盖特诺·佩斯将Up5扶手椅的女体形态通过一条绳子与球形Up6脚凳相连，隐喻出一个戴着铁球脚铐的囚犯形象，鼓励女性挣脱束缚，掌握自己的命运。

当然，除了设计风格让人记忆犹新，这款扶手椅组合的材料和技术一样让当时的设计界为之一振。研发出Up系列的意大利家具品牌B&B Italia不但运用了当时极为先进的聚氨酯泡沫材料，让座椅充满弹性，更惊人的是采用了真空高压包装。

这种包装方法和我们把大棉被装袋后抽真空是一个道理，偌大一个扶手椅，由于其材料的特殊性，可以被塞进包装袋里抽真空，将座椅体积压缩90%。顾客在买Up5扶手椅的时候只会拿到一个扁平的

箱子，回家撕开包装，椅子便会神奇地膨胀开来，变成一张尺寸宽大舒适的Up5扶手椅，就连买家具的过程都能变得如此有趣。

这种包装法沿用了好多年，后来因为种种原因Up系列一度停产，到了2000年，这款扶手椅更换了材料，并更名Up2000重新上市，之后更是推出了儿童版的Up扶手椅，也格外有趣。现在的Up扶手椅不再像以前那样通过压缩包装，卷土重来的它早已被纽约MoMA现代艺术博物馆选为永久馆藏，这样特殊的造型甚至也成为了意大利设计的一个象征性符号。

Le Bamole 沙发

虽然 Sity（上）沙发现在已经停
产了，但安东尼奥·奇特里奥也
为 B&B Italia 设计出更符合现代生
活和空间的 Michel（左）、Charles
沙发系统等，都拥有漂亮的 L 形转
角。柔软平整的座面配上纤细的金
属沙发腿，晃眼一看就像是飘浮在
空中的飞毯一样，质感非常棒，也
算是对 Sity 沙发的传承与延续

成功推出了 Up 系列的 B&B Italia 是一家非常传奇的家具公司，1966 年成立的它虽然历史比不上很多老牌意大利家具，但却已然是国际上认知度最高的奢侈家具之一。

其实成立之初的 B&B Italia 并不叫这个名字，而是叫做 C&B Italia，这个 C 就是意大利另一家家具"大拿" Cassina。当年在家具界小有所成的小伙皮耶罗·安布罗吉奥·布斯内利拿着创业计划努力游说卡西纳兄弟之一的西萨尔·卡西纳注资，这样一来 Cassina 就成为天使投资人，C&B Italia 应运而生。

公司成立不久他们便将精力全部投入到聚氨酯材料的研发上，为此还专门成立了研发中心。其实聚氨酯这种材料早就开始应用到工业领域，而 C&B Italia 则专门研发冷发泡聚氨酯技术，这种弹性极好的材料非常利于设计师塑形，其特殊的结构支撑性不但能省去不必要的支撑骨架，减少零部件生产，还能保持家具长久不变形，舒适性和透气性都是上乘。之所以在公司创立初期就能推出 Up 系列这样石破天惊的作品，也全因如此。一时间，C&B Italia 在国际上的声望也就树立了起来。

进入到 20 世纪 70 年代，公司的发展步入正轨，布斯内利希望投入更多的精力放在材料与技术的研发上，而彼时的 Cassina 也希望专注自家品牌的打造，于是两人和平分手，布斯内利回购了 Cassina

建筑女王扎哈·哈迪德
为B&B Italia设计的Moon
System沙发宛若一尊现代
主义雕塑。就像她所设计的
那些建筑一样，流线型的不
规则几何结构充满戏剧性，
演绎出一派未来科技感

的全部股份，将公司更名为B&B Italia。

　　之后公司进入一个全速前进的阶段，推出世界上第一款全软体的Le Bamole沙发，内里完全没有结构支撑，仅以外部皮革和聚氨酯填充成型，为品牌带来了第一座金罗盘奖。这款沙发在经历了停产后，又于2007年重新投入生产，依旧是B&B Italia家族中最受欢迎的产品之一。

　　20世纪80年代的B&B Italia简直开

了挂——分别于1984、1986和1989年拿下3座金罗盘奖，包括与Studio Kairos合作的世界上第一个带有滑门的组合衣柜系统Sisamo（1984），与安东尼奥·奇特里奥（Antonio Citterio）合作的Sity沙发（1986），更厉害的是意大利工业设计协会在1989年破天荒将金罗盘奖直接颁发给B&B Italia，首开了企业本身获得金罗盘奖的先河。

　　这里我想重点介绍一下Sity沙发——

Terminal 1 躺椅

世界上第一件L形沙发。他的设计师安东尼奥·奇特里奥是个响当当的人物，全世界的宝格丽酒店的设计都是出自他手。20世纪80年代，电视已经得到相当程度的普及，人们的生活也愈发离不开电视。安东尼奥·奇特里奥敏锐地发现了这一现象，并思考如何让人们可以一边舒服地躺着一边看电视，于是他大胆地打破了传统沙发3+2+1的摆放格局，L形的Sity沙发横空出世。这个组合沙发的意义在于，不但深入体现了现代的生活方式，而且改变了沙发生产和设计的游戏规则。

建筑女王扎哈·哈迪德也为B&B Italia带来了不同常规的沙发作品Moon System，就像她所设计的那些建筑一样，流线型的不规则几何结构充满戏剧性，演绎出一派未来科技感。整个系统由两部分组成，一

张大沙发，另一张小号的可以作为脚凳，但同时也可以当作茶几，不用的时候还能塞回到沙发下面，灵活度非常高。

法国设计师吉恩·马利·马索（Jean-Marie Massaud）的作品——可坐可躺的Terminal 1躺椅也是我的心头好。干净流畅的形状将扶手椅和躺椅合二为一：当作椅子，最多可以坐3个人，1人独享的时候，两边如机翼一样的边沿还可以放东西，兼顾了扶手椅与边几两种功能；躺下来的时候，凹陷的结构更加满足人体平躺时的曲线需求，有种被包裹的舒适感。纤细的金属则让整张躺椅显得更加轻盈，平添了它的流畅度。

另外一款必须推荐的就是日本极简大师深泽直人为B&B Italia创造的畅销

力作 Papilio 扶手椅。深泽直人在中国的知名度已经相当高了，他为无印良品设计的挂墙式 CD 机相信无数人都见过。Papilio 是拉丁语中蝴蝶的意思，这张扶手椅的灵感正是来源于蝴蝶。看上去简单却极具雕塑美感，向上扬起的椅背就像是蝴蝶的翅膀，让人舒服地倚靠。Papilio 的底座可以转动，待你起身后它会转回到一开始的摆放方向，但当你转动时却完全感受不到阻力，坐在上面很轻松就能转向需要的角度。

由于 Papilio 的扶手椅太受欢迎，之后又推出了各种尺寸的版本，包括单人位 Papilio、双人位 Papilio、儿童版 Papilio、Papilio 床等，B&B Italia 甚至还推出了 Papilio 户外版藤编扶手椅，"开张吃十年"大概就是说的它吧。

有设计、有科技，还有时至今日依然不断投入到技术与材料研发的恒心，难怪 B&B Italia 短短几十年就能变成意大利家具中的龙头之一！

BEIJA FLOR
懒惰才是技术进步的驱动力

可能是Beija Flor太能击中那些都市懒人的内心，所以它就在印刷纹理的这条道路上越走越远，水泥花砖系列红起来后，Beija Flor又推出了各种各样的纹理和图案……

Beija Flor的PVC地垫

都说时尚就是一个轮回，三十年河东，三十年河西，我们的家居风格又何尝不是如此？20世纪曾经火爆一时的水泥花砖最近几年又开始回潮，我也是看着它造型繁多、颜色温润又非常有质感，一下子就喜欢上了，把自己家卫生间也铺上了水泥花砖。

不过，水泥花砖想要越用越有包浆感，平日里定期打蜡做养护可少不了，但北京的天气比较干燥，像我家花砖之间的填缝就会有一些开裂的现象。如果你特别

Beija Flor的地垫不但款式丰富，尺寸也有很多选择：小小的一块适合放在玄关入口；长条状的铺在厨房的地面上就再适合不过了；尺寸更大的可以当作一整块地毯铺在客厅

喜欢水泥花砖的装饰效果，但又嫌麻烦不想做保养，下面介绍的产品就是专门为你准备的。

那就是把水泥花砖印在了PVC板上做成地垫的清奇品牌Beija Flor，轻轻松松就让厨房、卫生间变漂亮。

我第一次看到Beija Flor还是在首尔的

一家买手店里，当时远远望过去我真以为地上铺了一长条好看的水泥花砖，等我走近一看才发现原来只是PVC地垫。不过，虽说是地垫，但印刷精度相当高，哪怕凑近了看都觉得和真正的水泥花砖相差无几，当即就喜欢上了。

店里陈列了好几种花纹的地垫，各个都精致好看。后来我了解到，原来Beija Flor就是专做这样的花砖花纹的地垫起家的，样式之多让人惊叹，完全是给我打开了一扇新世界的大门！尺寸也有很多选择：小小的一块适合放在玄关入口，平添一分回家的仪式感；长条状的铺在厨房的地面上就再适合不过了；尺寸更大的完全可以当作一整块地毯铺在客厅，家里马上就多了一分异域风情。

Beija Flor的水磨石墙贴质感很棒，看上去几乎可以以假乱真，既省却了水磨石复杂的制作工艺和流程，又比水磨石瓷砖更富有变化。因为大受欢迎，还推出了同款餐垫

Beija Flor于2007年成立于以色列，创始人Maya Kounievsky原本是一位室内设计师，致力于将充满异域风情与古典装饰主义的美学带入家居生活。我想可能她也是觉得铺设水泥花砖比较麻烦才自创品牌，带来了这么

好看又方便的PVC地垫吧，简直就是懒人福音。

作为品牌成立后的第一条产品线，这些花砖地垫很快就收到了不错的反响，于是Beija Flor又推出了同系列的餐垫和墙贴。餐垫系列可以说是餐桌上的艺术品，普通的杯子随便垫一下就像是在高档餐厅吃饭一样精致隆重。墙贴也格外受欢迎，年轻人的厨房，尤其是很多开放式厨房，大多是三分下厨七分社交，打造厨房的颜值很重要。

把Beija Flor的墙贴铺贴在厨房的墙壁上，效果几乎可以以假乱真。而一片花砖至少3厘米厚，加上需要涂抹水泥砂浆的厚度，白白压缩了空间。Beija Flor的墙贴一上墙，轻薄不说，还耐热防水、易于清洁，完全不亚于贴砖。重要的是万一哪天看腻了，随时可以撕掉换一张，是不是太方便了！

可能是Beija Flor太能击中那些都市懒人的内心，所以它就在印刷纹理的这条道路上越走越远，水泥花砖系列红起来后，Beija Flor又推出了各种各样的纹理和图案——大理石、水泥、木纹、铁锈的痕迹……甚至还将地毯的纹理做成了地垫，实在是会玩儿。

东西虽然好，但也不是全能的，

墙贴的妙处除了效果绝佳之外，还比瓷砖轻薄不少，耐热防水，易于清洁，完全不亚于贴砖

这里我得友情提示一下：Beija Flor 的地垫不防滑，所以不适合用在浴室这样潮湿的环境；另外太阳直射会让这些垫子褪色，所以也不能用在户外或者有太阳直射的阳台。不过，作为一个颜值这么高的地垫，淘一个放在玄关、厨房或者卫生间干区，又或者用墙贴来代替厨房的面砖，都是非常值得入手的！

CAPPELLINI
点石成金的伯乐

除了马克·纽森（Marc Newson），Cappellini在20世纪80年代还发掘了汤姆·迪克森（Tom Dixon）的设计才能，助力汤姆·迪克森完成了从电焊师到设计师的转型，开始了他风生水起的人生。

2017年，"大表姐"詹妮弗·劳伦斯和"星爵"克里斯·帕拉特搭档主演的电影《太空旅客》上映时，就被众多媒体推荐为设计师必看的一部电影——其精美绝伦的置景，塑造出一个科技感十足，同时又不乏人情味的未来太空飞船。

在这场星际旅行中，男主角的"维也纳套房"非常惹人注目，无论是硬装设计还是家具配

电影《太空旅客》中的"维也纳套房"

Felt椅

Wood椅

马克·纽森从小就对太空痴迷，我们小时候看的动画片，讲述未来生活的《杰森一家》同样也是马克·纽森儿时的最爱

饰都十分用心，各种流线型的元素将未来主义风格演绎得淋漓尽致。

就在这个房间里，我发现了设计师马克·纽森为意大利家具品牌Cappellini设计的Wood椅。

Wood椅简洁利落的弧线是典型的未来主义风格，这种风格往往给人一种距离感，但弯曲木条的材料又不至于让这把椅子显得太过冰冷，在"高冷"和"接地气"之间找到了一个完美平衡，难怪会被选为这部电影的道具。

"充满未来想象的科技造型"一直以来都是马克·纽森的创作特点，他被美国《时代周刊》称为"一个为世界制造曲线的人"。极富想象力的造型和充满律动的线条成了他最突出的风格，老佛爷卡尔·拉格斐在巴黎的家走的就是冷酷到底的未来主义风格，选了不少马克·纽森设计的家具。

虽然如今的马克·纽森是连航天飞机都设计过的大师，但发掘他的伯乐，恰恰就是前面说到的Cappellini。早在20世纪80年代末，马克·纽森事业刚刚起步的时候就获得了Cappellini的青睐，在短短几年内就贡献出Embryo椅、Wood椅、Felt椅等一系列经典作品。

其实马克·纽森在1986年就设计出一把让他名声大噪的作品——Lockheed躺椅（左图）。这是一张以玻璃纤维塑形，包裹上铝制薄片并以铆钉固定的纯手工躺椅，极具颠覆性的设计和材料让马克·纽森在国际上一炮打响。也正因如此，Cappellini立马将他签下。事实证明Cappellini果然选对了人，马克·纽森不但为Cappellini设计出多款畅销经典作品，这件Lockheed躺椅更是直接让马克·纽森登上神坛，不但出现在麦当娜的名曲《Rain》的MV中，2015年更是以超过200万美元的高价被拍卖，让马克·纽森成为在世设计师的作品拍卖纪录保持者

Felt椅是马克·纽森早期的代表作，乍看上去就是一件线条流畅的雕塑，以玻璃纤维弯曲制成的对称式椅身，可以上下90度翻转使用，椅座和椅背自由切换，非常有意思，而且整张椅身略微向内凹陷，让人坐在上面的坐感更加舒适。椅座后方伸出的铝制支撑看似单薄，却十分稳固，与庞大的椅身形成有趣对比，丰富了设计细节。

除了马克·纽森，Cappellini在20世纪80年代还发掘了汤姆·迪克森的设计才能，助力汤姆·迪克森完成了从电焊师到设计师的转型，开始了他风生水起的人生之路。

这里要说的关键产品就是已经被好几个博物馆收藏的S椅，这把椅子是Cappellini和汤姆·迪克森的首次合作，却电光火石般达到了一个极其辉煌的高度，这把椅子不但成了Cappellini旗下最具代表性的产品，同时也让汤姆·迪克森蜚声国际。

用金属框架打造出的这把椅子拥有流畅的弧线造型，看上去轻巧灵动，稳固性却相当高。虽然是大走非传统路线的有机造型，但是在面料上却选择用纯羊毛包裹泡沫这种制作沙发的典型材料，或是干脆用稻草编织的表面材料，让新与旧、传统和非传统之间形成有趣对照，充满设计内涵。

早年汤姆·迪克森还为Cappellini设计了另一款大作Pylon椅，这种错综复杂的三角网格交叉结构灵感正是来自于当年刚兴起的电脑三维建模的线框效果，极具视觉冲击力。如今"汤叔"收回版权，改在自家品牌生产发售，还衍生出一整个Pylon家族，包括咖啡桌、衣帽架、烛台、水果碗等，独特大胆的造型绝对是点亮空间的法宝

S椅

　　不过当人们问到汤姆·迪克森关于这把椅子的创作灵感时，他竟说当年随意画了一只鸡，然后觉得似乎可以把这只鸡变变形，弄成一把椅子，于是就有了S椅。汤姆·迪克森在2002年成立了自己的同名品牌，现在这把椅子在Cappellini和汤姆·迪克森自家都买得到。

　　同样是初出茅庐就一鸣惊人，荷兰设计鬼才马塞尔·万德斯（Marcel Wanders）也在1996年为Cappellini带来了经典的Knotted结绳编织椅。别看这张椅子看上去像是一张编织的吊床，其实可结实着呢！原因在于它神奇的制作工艺——先用

Knotted 椅

织进了碳纤维的棉绳打结，再整个浸入到
环氧树脂中定型，最后挂置在定型框架上
晾晒，直到椅子干燥成型，才得到了这张
轻盈无比的编织椅。因为材料和技术的创
新，让这张椅子备受推崇，还被各大博物
馆列为馆藏品，马塞尔·万德斯的传奇事
业也正是从这张椅子开始腾飞。

蒙德里安（Piet Cornelies Mondrian）
的画一直都是各个领域的灵感之源，家
具界同样如此，最早从他的画作中获取
灵感并成为不朽经典的家具就是里特维
尔德（Gerrit Thomas Rietveld）的红蓝
椅。日本设计大师仓右史朗也曾向蒙德里
安致敬，为Cappellini设计出Homage To

Mondrian边柜，生动地演绎出蒙德里安的
杰作，让家居中的艺术氛围呼之欲出。

伯乐和千里马总是相互成就，就像
Cappellini在2004年邀请法国设计师兄弟
罗南和埃尔文·布鲁克（Ronan & Erwan
Bouroullec）两人设计的Cloud云朵置物架，
如今也是Cappellini最畅销的产品之一。这
个置物架的造型就像是一朵可爱的云团，充
满童趣并带有一丝科技感，放在家中可以让
空间变得生机勃勃。而且每一个Cloud的架
子都配有两个白色固定夹，可以按照自己的
喜好将架子组合、堆叠，打造带有自己个性
的收纳空间，不管是靠墙摆放还是摆在空间
当中做隔断，都有非常棒的装饰效果。

日本设计大师仓右史朗以蒙德里安的画作为灵感，设计出 Homage To Mondrian 边柜，实用不说，还别具艺术感，放在家中就是一个不小的亮点

Cloud 云朵收纳架

如今，不管是马克·纽森、汤姆·迪克森、马塞尔·万德斯还是布鲁克兄弟，全都是顶级设计师了，足见 Cappellini 点石成金的能力之强大。世有伯乐，然后有千里马。作为家具界的大伯乐，Cappellini 下一个要"点"谁，值得我们期待！

CASSINA

立足当下，着眼未来

《1000 Chairs》是一本被学工业设计的人奉为"圣经"的书，介绍了名垂设计史的1000把椅子，而Cassina旗下有几十把入选。

卖家具和卖衣服不同，时装行业一年发售两季新品，每次新品都少不了几十件。家具往往每年就推一次新品，还就那么几件，万一不小心成了经典设计，还会"老黄瓜刷绿漆"，再卖个三五十年，甚至更久。

Cassina深谙此道，知道家具这东西就像酒一样越陈越香，一旦成为经典，无论什么时候都有收藏价值。为此还专门推出了一个叫作"I Maestri"的产品名录，制造和发售那些年代久远的经典之

作。像"上古大师"勒·柯布西耶（Le Corbusier）、皮埃尔·让纳雷（Pierre Jeanneret）、夏洛特·贝里安（Charlotte Perriand）、麦金托什（Charles Rennie Mackintosh）、里特维尔德等人的作品都被收录在这个名录下。《1000 Chairs》是一本被学工业设计的人奉为"圣经"的书，介绍了名垂设计史的1000把椅子，而Cassina旗下就有几十把入选，实在厉害。

在Cassina 2018年推出的新品中，就有好几款都是经典作品"改头换面"卷

Taliesin 1 扶手椅

井柏然家中有一张 833 Cavalletto 支架桌, 也是来自于 "I Maestri" 名录, 它早在 1950 年就被设计了出来

土重来。其中不得不说的是赖特（Frank Lloyd Wright）的 Taliesin 1 扶手椅。作为建筑史上的大师，赖特设计的流水别墅和纽约古根海姆博物馆是建筑史上的丰碑，家具设计自然是信手拈来！这个灵感源自于日本折纸艺术的扶手椅其实是大师在 1949 年为他的工作室设计的，放在现在看依旧非常美。坐在上面就像是坐在一只千纸鹤上，感觉还有那么一丝仙气，精妙的几何结构让椅子非常稳固。能够不断再版大师的不朽之作，真要祝愿 Cassina "好人一生平安"！

LC1 椅

在 "I Maestri" 名录下，我最先注意到的其实是 LC 系列，这是经典中的经典。勒·柯布西耶是很多人都知道的建筑大师，他设计的朗香教堂、马赛公寓和萨伏伊别墅都是建筑史上的标杆。不过，LC 系列虽然以柯布西耶的名字命名，但其实这个系列中的绝大部分产品都是他和另两位大师皮埃尔·让纳雷、夏洛特·贝里安一起合作创造的。从 LC1 椅开始，工业设计史开启了一个崭新的篇章，虽然里面很多产品的历史已经接近 100 年，但随便挑出一件都能胜过如今的很多家具！

LC2 扶手椅

LC3椅和LC2椅有着相同的造型，只不过把两层坐垫升级成了一层加厚款，看上去更简约。这两款除了扶手椅外又衍生出沙发

LC14 盒子

LC7转椅延续了前作皮革软包+钢管的元素，作为办公椅和餐椅都非常合适，LC8则去掉了LC7的靠背部分，变成一个可以转动的凳子，简约的造型可以搭配到各种空间里

　　LC2扶手椅看上去就像一个被捆起来的糯米糍一样软萌，厚实的软垫和坚固的不锈钢支架在材质上形成了有趣的反差，看起来很敦实。两个坐垫叠在一起更是舒适感升级，人坐上去就像是被糯米糍包起来的豆沙一样，粘在里面根本不想起来。

　　LC4是非常舒服的躺椅，弧形的不锈钢架把整个椅面托起来，从侧面就能看出它的流线造型，设计上非常符合人体工学，躺在上面就像被横抱着一样。这把躺椅还能按照自己习惯的姿势来调节支架弧度，躺卧和垂腿坐着全凭自己选择，把下面的结构拿走还能当作摇椅，是不是很有趣？话说回来，看到这把躺椅还有种很想上去洗个头做做SPA的冲动！

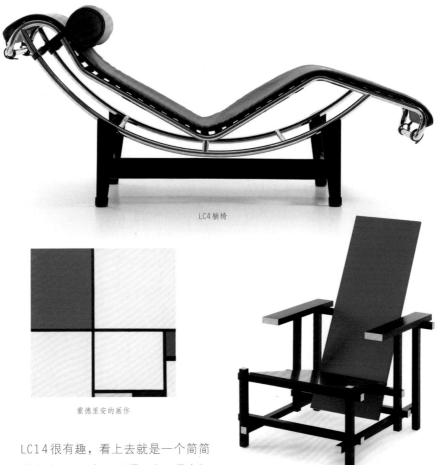

LC4 躺椅

蒙德里安的画作

里特维尔德的红蓝椅

LC14很有趣，看上去就是一个简简单单的木头盒子，但正所谓"少即是多"，它不但可以做小边几，又能被当成凳子，摞在一起还能变成一个造型感很强的茶几。这么实用的模块化设计，1952年就被设计出来了！这个小盒子的细节很丰富，各侧面都配有实用缺口，使抓握更加方便。各个转角部分的连接处都是榫卯结构，精致又有手工感。2018年LC14又推出了新的版本，不但刷上了颜色，还隐藏起了榫卯结构，看上去更加浑然一体。

Cassina对"I Maestri"系列的改进在最大限度上尊重了原作，注重传递设计师的初衷，只是对比例、色彩或材料进行调整或改变，以便使昔日的名作与当代潮流和谐相融。

翻阅"I Maestri"名录，就像是翻开一部工业设计史，太多的经典值得我们买单！这里就选择著名的里特维尔德大师来介绍一下！

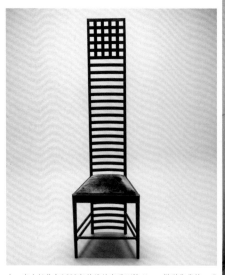

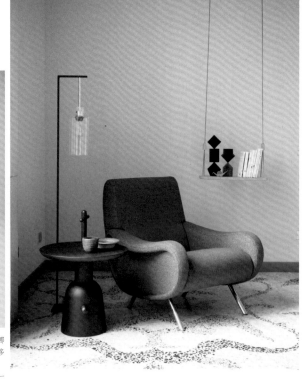

上：麦金托什在1902年就设计出了Hill House梯形靠背椅，哪怕放到现在也是个现代感十足的设计，在那个年代更是别提多前卫了。高耸的靠背极具装饰感，很适合放在玄关里

右：马可·扎努索（Marco Zanuso）设计的Lady椅真的像是一个优雅、精致的淑女一样，在历史长河中经久不衰，一直到如今也看不出丝毫的过时。通过不断更换面料、颜色，反倒是历久弥新，怎么看都觉得时髦又高级，柔软浑厚的设计还特别舒适

　　但凡是"世界上影响力最大的设计"之类的评选，一定绕不开里特维尔德设计的红蓝椅，它毫无疑问是设计史上最标新立异、影响最为深远的作品之一，同时它也是荷兰风格派运动的代表作。

　　风格派运动是荷兰艺术家蒙德里安发起的，又被叫作新塑造主义，其宗旨是拒绝使用任何具象元素，只用单纯的色彩和几何形象来表现纯粹的精神。举个最著名的例子——蒙德里安的画作，外形上缩减到几何形状，颜色仅使用黑色、白色和红黄蓝三原色，将红黄蓝色块和黑色格子组合分布在一张画面上，利用格子中的色彩关系达到视觉平衡。

　　而里特维尔德设计的红蓝椅就是蒙德里安画作的立体版！早在1918年，里特维尔德就设计出了红蓝椅的原形，但一直未经着色。直到1923年，他受到蒙德里安的启发，用黑色和三原色将椅子重新涂刷一遍，这把椅子立马一夜爆红。

　　红蓝椅由15根木条组成，纵横交错的结构赋予了它非常强烈的视觉效果。因为椅子被最大限度地简化，相对于彼时大多数传统手工艺打造的座椅，红蓝椅非常适合批量生产，自己在家都能组装，这正是里特维尔德的野心。关于红蓝椅，里特维尔德还有一句名言——当我坐着的时候，我不希望以我身体喜欢的方式坐着，而是以我的思想喜欢的方式。言下之意对于这样一把椅子，仅从坐上去舒不舒服的角度来衡量它的价值就太浅显了。现在如果谁家放一把红蓝椅，那就是妥妥的

Z字椅

Superleggera 超轻椅

百年艺术品啊，坐不坐它还真是不那么重要了。

里特维尔德还有一个划时代的作品——Zig Zag（Z字椅），这把椅子诞生于1934年，闪电式的结构完全颠覆了椅子得有椅腿的既定观念，这样的突破源自里特维尔德对于结构关系的深入研究。当时的人看到这把椅子，一开始是排斥的，认为它太脆弱，很可能一坐上去椅子就断了。实际上它可结实着呢，两三个人坐上去都不在话下。

在那个时代，现代主义刚刚崭露头角，颇受争议，大部分人完全接受不了这样"离经叛道"的设计。但越是这样的离经叛道，越是有开拓性的意义，将Z字椅放在特定的时代和条件下去看，才会知道它有多么了不起。

都说时间是检验万物的标准，当你买家具时，面对一个全新产品和一个经典款而举棋不定的时候，选择经典款总是没错的。所以如果有人让我一定推荐哪款家具，倒不如直接看看Cassina为我们精挑细选出的"I Maestri"名录。

据说在Cassina档案部收入的所有600

Maralunga沙发最大的特点就是靠背和扶手都可以任意翻折，舒适与美观兼得

件家具作品中，有一半至今仍在公司的产品目录之中，而且公司40%的营业额都是由"I Maestri"名录下的家具带来的，可见经典真的是经典！但英雄不提当年勇，Cassina之所以能成为如今意大利家具产业顶梁柱一般的存在，当然不能只靠这些"上古大师"的助攻，自主研发和生产才是王道。

这里就要说说另一位设计界的传奇——吉奥·蓬蒂（Gio Ponti），他是建筑师、家居设计师、画家、诗人、大学教授，他设计了米兰皮瑞里大厦（Pirelli Tower）这样的地标建筑，创立了FontanaArte家具品牌和著名的设计杂志《Domus》，同时他还是意大利工业设计协会和金罗盘奖的发起人……总之，这个大师身上的光环太多，这里就简单说一下他和Cassina之间的羁绊。

原本Cassina靠着过往的大师作品就能在世界家具市场中轻松分得一杯羹，但大师的版权也有到期的时候，作为一个家具品牌，没有实实在在的原创设计是万万不行的。于是Cassina联合吉奥·蓬蒂一起研发原创家具，经过不断的改进，1957年，吉奥·蓬蒂在前作的基础上革新出一把新作——Super leggera超轻椅，这把椅子以实木打造框架，用藤条编织出椅面，造型简洁现代又有一丝优雅。最关键的是它真的非常轻盈，连儿童都能用小手指将它轻松勾起。

Réaction Poétique 系列

也是因为和吉奥·蓬蒂的这次合作，Cassina 从原创设计中获得了极大的信心，之后便开始大力开发原创设计与生产，并将和这些当代设计大师们的合作一并收入到"I Contemporanei"当代系列中。

在当代系列中，有两组我非常推荐的产品，一个就是维克·马吉斯特拉蒂（Vico Magistretti）设计的 Maralunga 沙发。很多沙发为了美观和视觉感受往往采用低靠背的设计，却因此牺牲掉了一部分舒适性，而高靠背虽然舒服，但又不大适合现代生活空间，尤其是小户型，容易让人感觉压抑。这个沙发最大的特点就是靠背和扶手都可以任意翻折，可以说是两全其美，而且包裹性非常好，非常舒服。

为纪念柯布西耶逝世50周年，Cassina 邀请西班牙年轻设计师中的代表亚米·海因（Jaime Hayon）为 Cassina 设计出的 Réaction Poétique 系列，包括餐桌上的托盘和边几，灵感都来自于柯布西耶建筑作品中的有机线条。这一系列产品形态各异，好像是一个个精美的装饰摆件，极具设计感。圆润、活泼的线条是亚米·海因一贯的设计语言，而黑色的木质纹理又让这个系列增加了一些沉稳和自然的美感，不管是托盘还是边几，都是可以点亮空间的存在。

看了很多 Cassina 的资料，我更加明白 Cassina 之所以这么厉害的原因——虽以历史为傲，但立足当下、着眼未来，随着时代更迭不断进化自己。虽然历史已近百年，但却依旧活力如初。

CC-TAPIS
"小鲜肉"有一个"老灵魂"

这些地毯全都由西藏手工艺人通过手工打结编织而成,在编织最密的地毯上,每一平方米的结多达232000个,简直让人目瞪口呆。

各种设计复杂、形状怪异的地毯见了不少,但当我第一次看到西班牙女设计大师帕奇希娅·奥奇拉(Patricia Urquiola)为Cc-Tapis设计的地毯时,还是不由得大吃一惊,"真会玩儿!"就是我脑子里冒出的第一句话。

差不多20年前,尼尔西亚·查姆扎德(Nelcya Chamszadeh)和法布瑞兹奥·坎特尼(Fabrizio Cantoni)夫妻俩在法国成立了Cc-Tapis,2011年他俩把公司搬去了设计之都米兰,开始和更多的设计师

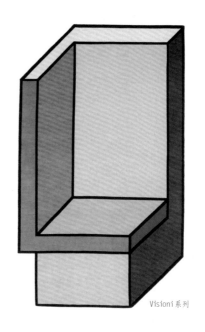

Visioni系列

Rotazioni系列

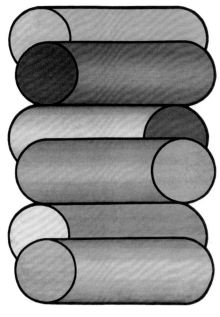

紧密合作起来。虽然品牌一直坚持出品高质量的手工毯，但真正让它一夜爆红的作品，就是和奥奇拉合作的 Visioni系列，可以说颠覆了大众对于地毯设计的想象。

Visioni的设计说白了就是几何色块的组合，但却是以一种前所未有的方式呈现出来。奥奇拉将各种色块拼贴出一个具有视错觉效果的地毯，远远看去就像是一个有纵深的空间，相当于把地毯作出了建筑的特色，非常有趣。

这样一块个性的地毯，是不是完全不舍得把它铺在地上？没关系，把它挂

上墙，视错觉效果让家里瞬间多出几平方米。

其实就算没有这样的立体视错觉，单看Visioni系列的配色就把我俘虏了——奶油色、灰褐色、焦糖色、淡粉色、芥末色……这就是明晃晃的莫兰迪色系教科书啊！而黑色的粗线滚边更是赋予了它一种波普艺术的质感，让一块简单的几何色块地毯变得回味无穷。

奥奇拉还将这样的视错觉概念和配色沿用到另一个系列Rotazioni中，相对于Visioni，这个系列由若干圆柱形状组合而成的阵列在视觉上更加大胆，最长的一张地毯竟由18个圆柱组成，超震撼，相邻的柱子的颜色都不同，给人感觉丰富却不混乱。

Bliss 系列

灵感来自于非洲部落传统面具的 Zo
Family 系列同样以几何色块的形式来呈
现，配色更加明快，马卡龙色彩的融入更
是为这个系列带来了一丝轻盈的少女感

另一个造型和配色都堪称教科书
的就是荷兰女设计师梅·恩格尔（Mae
Engelgeer）为Cc-tapis创作的融汇了建
筑线条的Bliss系列。恩格尔通过新奇的
造型、强烈的几何拼色效果再现了经典
又时髦的孟菲斯风格。

要说Cc-tapis以设计取胜，不能说
大错特错，但也只对了一半，它绝不仅
仅只在设计上玩巧思。在制作上，Cc-
tapis更是严格到令人咋舌。别看这些
地毯表面上光鲜亮丽、大胆前卫，在
制作工艺上，Cc-tapis可是实实在在
的"老灵魂"，至今沿用着传承了千百年
的传统手工艺，可以说每一块Cc-tapis
地毯的每一个生产步骤都是100%手工
制作。

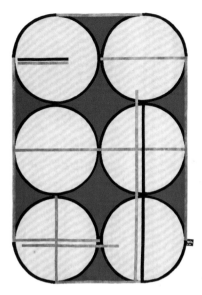

意大利平面设计师费德里科·佩佩(Federico Pepe)与帕奇希娅·奥奇拉合作的Credenza系列,灵感来自于米兰大教堂内的彩绘玻璃工艺。用现代的设计语言来诠释传统或再现经典,是Cc-tapis产品中的一大特色

尼泊尔的手工艺人在编织地毯

设计师埃琳娜·萨米斯特拉罗(Elena Salmistraro)带来的Flatlandia系列以一种更卡通的形式呈现出三角、圆圈、方形与线条间的碰撞与重叠

Cc-tapis的工坊设在尼泊尔加德满都附近,只选用最好的天然材料来制作地毯,比如,真丝就来自中国。而羊毛则是来自中国西藏的喜马拉雅羊,这是一种非常柔软、结实的羊毛,容易染色,并且喜马拉雅羊身上有丰富的羊毛脂,因此羊毛特别浓密,非常耐用。

这些地毯全都由西藏手工艺人通过手工打结编织而成,在编织最密的地毯上,每一平方米的结多达232000个,简直让人目瞪口呆。不用机器一直都是Cc-tapis引以为傲的地方。也正因如此,它才能一直坚持定制服务,只把地毯带给那些理解并享受高端产品的顾客。这些顾客可以在多达1200种色彩中,挑选定制自己独一无

地毯的制作过程

二的地毯，每一块地毯的制作周期需要8到24个星期不等。只能说，慢工出细活，Cc-tapis绝对值得等！

在可持续发展方面，Cc-tapis也极富心思。生产地毯要用很多水来反复擦洗染色，而这些水大部分都是他们采集雨水，并通过碳滤膜净化得到的，在生产过程中不会造成大量浪费，力所能及地为环保出力。

因为常年往返于尼泊尔，两位创始人对于尼泊尔的社会状况十分了解——大量的人口生活在温饱线以下，无数儿童没有接受教育的机会，还有一部分孩子为了帮助家里改善经济状况，只能早早离开学校……

夫妻俩也懂得饮水思源，于2015年5月成立了"CC-For Education"的公益组织，旨在为尼泊尔手工艺人的子女提供从幼儿园到高中的教育机会。到目前为止，他们已经为30个孩童提供了就学机会，希望通过教育来改善这些孩童的未来，并试图通过他们给尼泊尔一个更美好的未来。

以当代顶尖的设计和审美为载体，让更多人了解到拥有千年历史的古老工艺，还为这个工艺的未来劳心劳力。网上有句话用来形容喜欢一个人——始于颜值、陷于才华、忠于人品——我对Cc-tapis的喜欢就是如此啊！

DANTE-
GOODS AND BADS
好的坏的都是我的

为什么要叫Goods and Bads呢？夫妻俩觉得这是个哲学问题，他俩一直在琢磨，我们已经拥有了这么多"好"东西，生活中再多几个"坏"的物件又如何呢？

有句话说得妙，好看的皮囊千篇一律，有趣的灵魂万里挑一。我想，德国夫妻克里斯托弗·德·拉·方丹（Christophe de la Fontaine）和艾琳·朗格瑞特（Aylin Langreuter）在成立他们的品牌DANTE-Goods And Bads时，是不是也想到过这句话。

最初知道这个牌子，是因为我当初在所有网站上搜罗家用小推车，希望买一个来放到书桌旁，可以放书、放文具，还能放水、放零食。搜得我快要老眼昏花的时候，突然一个无比精致的小推车让我眼

品牌创始人夫妇

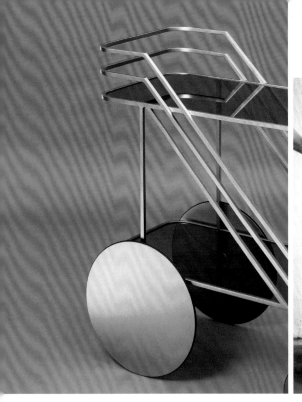

Come as you are 小推车

前一亮，简单的点线面，竟组合成了如此完美的造型！只是在众图片中多看了它一眼，我整个人就沦陷在它的设计中——这不就是我要的小推车嘛！现代、时髦，充满设计感，我真想立马就拥有！点开价格一看，瞬间就恢复了理智——一个小推车售价人民币 10000 多！真的不是多打了个 0 ？什么牌子这么贵——DANTE-Goods And Bads，名字可真够奇葩的，但也的确好记。

后来一查，发现这个牌子创立不过短短数年，创始人是一对德国夫妻。老公是工业设计师，还曾学习过雕塑；老婆是一位艺术家，我专门去她的官网看了一下，全是些我看不懂的艺术创作。

他们推出的这些家居单品分成了"Goods"和"Bads"两大系列，我最爱的正是"Goods"系列里的两件大红产品。

第一件当然要数我的 Come as you are 小推车。小推车在西方国家是一件很经典的家具，功能非常多，放酒、放书、放厨房用品都可以，放在阳台归置一些植物也不错。

这款小推车的灵感来自于德国著名调酒师、酒吧老板查尔斯·舒曼（Charles Schumann），这个老男神在德国可谓传奇，修养高、气质好、有个性，和 Come as you are 小推车的感觉非常契合。

我最爱它的地方在于设计师用极简的点线面语言组合出了一个充满设计感的造型，特别是那贯穿头尾的三条线，经典程度堪比阿迪达斯的三道条纹！超薄的滚轮前小后大，不对称的设计更是凸显了整体造型感。实际上，前轮是万向轮设计，可以360度旋转。

另外一个也是在照片墙（Instagram）上很红的单品——Minima Moralia屏风，不但上过很多杂志封面，而且还是很多设计买手店的镇店之宝，可以说是我所见过的最漂亮的屏风之一！不过至于为什么要叫Minima Moralia（译为"起码的道德"）这个名字以及背后的创作故事，我专门问了创始人，有着艺术家背景的设计师说了一堆抽象化的理念，比如他说这个屏风的灵感受到了都市人的启发，虽然每一个人

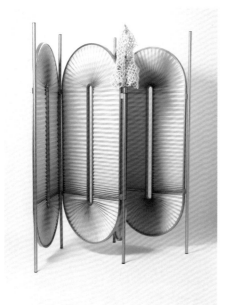

Minima Moralia屏风

Bads系列的产品很是奇特

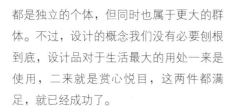

都是独立的个体，但同时也属于更大的群体。不过，设计的概念我们没有必要刨根到底，设计品对于生活最大的用处一来是使用，二来就是赏心悦目，这两件都满足，就已经成功了。

它和Come as you are小推车一样，都是运用几何线条组合成经典耐看的设计。充满建筑感的外观非常吸引人，虽然给人一种强烈的体量感，但是纤细的铝架与弯曲、褶皱的面料让这个屏风看上去很轻盈、通过它穿透过来的光影也非常柔和好看，如果家里有一个大空间，又不想用墙体隔绝开来，就可以考虑用它来做一个隔而不断的处理，妥妥一件艺术装置！

话说回来，除了"Goods"系列，"Bads"系列更让人称奇，可以说都是一些奇奇怪怪的东西。

至于为什么要分成这两个系列，甚至连品牌的名字里都有这两个词，夫妻俩觉得这是个哲学问题，他们一直在琢磨，我们已经拥有了这么多"好"东西，生活中再多几个"坏"的物件又如何呢？德国人也挺玄奥，他俩觉得"坏"东西可能让我们感到矛盾，可能会让我们不安，但"坏"东西是我们挑战单纯的功能性与纯粹欢愉的一种手段，它依然可以是漂亮的，也可以是实用的，但它同时也能让你汗毛竖起。

听到这里，我突然发现他们的理念和20世纪六七十年代在意大利设计界中兴起的激进设计的理念——"反其道而行"异曲同工。举个简单的例子，世界上有赫本这样的"好女孩"，同时又有麦当娜这样的"坏女孩"，这样的世界才称得上是包罗万象、精彩纷呈。

DE GOURNAY

帝家丽：英国人的中国心

奥斯卡影后玛丽昂·歌迪亚为迪奥拍摄的广告、凯拉·奈特莉为香奈儿香水拍摄的广告中全都用到了帝家丽的壁纸或其衍生产品。

被誉为"时尚界奥斯卡"的Met Gala纽约大都会博物馆慈善晚宴大家已经很熟悉了，特别是2015年那届以"中国：镜花水月"为主题，十几个中国顶级明星同场竞艳，一下子就引爆了话题。

早在这场盛宴还没开始前，美国版《VOGUE》就邀请中国名模孙菲菲拍摄了一组中式风情的大片来预热，服装造型、布景道具之华丽，可以用无与伦比来形容，我特别留意到大片中所用到的中式风格壁纸，全是来自英国的手绘壁纸品牌帝家丽，效果实在惊艳。

没想到更精彩的还在后面，慈善晚宴当晚，大都会博物馆简直成了帝家丽的展厅，因为主题是中国风，展览和晚宴上各种丰富的主题装饰，包括主会场的舞台布景、晚宴大厅、餐桌等，全都由帝家丽承包了！甚至连餐单的设计都用上了帝家丽的中式图案。

为什么一个英国手绘壁纸品牌，出了那么多充满东方元素的东西？这里不得不后退个数百年，回顾一下帝家丽的前世。

明朝中后期，随着航海贸易的发展，

上：帝家丽的 Abbotsford 中式手绘真丝窗帘被安装在博物馆的宴会厅内
右上：Chatsworth 蓝色手绘亚麻布被用于晚宴桌布
右下：帝家丽的 Earlham 是一款手绘在鲜绿色真丝底材上的中式图案壁纸，被用于晚宴厅的墙壁装饰

不少欧洲传教士和商人踏上了中国的土地，中西方文明得以互换。最初开始向西方输出的是茶叶，随之而来的还有各种生活用品，比如瓷器、家具。

炫富可不是现代才有的，当年的欧洲贵族都以收藏神秘而迷人的东方物件为傲，像玛丽皇后、安妮女王，还有一众贵妇，每次姐妹聚会都会展示家里来自东方文明古国的物件，受欢迎程度丝毫不亚于如今的限量版铂金包。

17、18 世纪，整个欧洲都流行着这股中国热。然而进口家具的成本太高，于是欧洲各国开始自己研究制作充满东方风情的瓷器、家具、壁纸，把想象中的东方元素融入其中，慢慢地形成了一种西方人眼中的东方风格——法式中国风（Chinoiserie），恰逢浮华繁复的洛可可风格大行其道，西方人所呈现的这些法式中国风元素也变得妖冶而瑰丽，是一种浓墨重彩的装饰风格。

回顾完帝家丽的前世，我们再来看看它的今生。英国人克劳德·塞西尔·格尼（Claud Cecil Gurney）是一位法国贵族后裔，在他的家中，就有着大量 200 年以上的法式中国风风格手绘壁纸。他从小

Chinoiserie 系列

就痴迷于这些壁纸上描绘的画面，可惜这些壁纸抵不过时间的侵蚀，已然变得斑驳不堪。

克劳德四处辗转寻觅修复壁纸的人，发现即使在中国，手绘壁纸的技艺也濒临失传，仅在江浙一带有少数工匠和画师还在传承这样的技艺，于是他开始研究中国传统的墙纸艺术的历史与制作工艺，更索性将其发展成一项事业，这就有了帝家丽的诞生。

经过30多年的发展，今天的帝家丽也并不局限于中式风格这一项选择，五花八门的手绘图案让人眼花缭乱，材质就更让人咋舌，像宣纸、金银箔、真丝面料等全都可以用来做壁纸的底材。把钱贴在家里，说的可能就是帝家丽的壁纸。

Eclectic 系列将猴子的图案绘制在红色丝绸上，也有一派镜花水月般的中式神韵，效果奇特而华丽

Amazonia壁纸及面料产品

始出自帝家丽绘师之笔的法式中国风壁纸装饰于英国庄园 Houghton 宅邸

工匠绘制 Houghton 壁纸

虽然帝家丽的标准图案只有100多种，但他们每一张壁纸上的图案全都可以根据客户的需求和空间尺寸量身绘制，可以说没有两张完全一样的壁纸。有的款式甚至还能加上手工刺绣，定制周期从4到6个月不等。每当一笔订单产生，画师们就开始日复一日地精心描绘。难怪帝家丽的壁纸是世界上最贵的壁纸之一，有这样的匠心与顶级材料，说它是艺术品也完全担当得起。

正是因为帝家丽对于品质的极端追求，它也变成了时尚大牌们最爱的合作伙伴——比如奥斯卡影后、法国影星玛丽昂·歌迪亚为迪奥拍摄的广告、英国女演员凯拉·奈特莉为香奈儿香水拍摄的广告中全都用到了帝家丽的壁纸或其衍生产品。

Lemons 银莲花布片和壁纸

Anemones in Light 壁纸

征幸运的银莲花来装饰墙面。因为底材是宣纸，花瓣有着水墨画般的通透感，让房间充满灵动和丰富的层次。

因为壁纸的图案实在太受欢迎，帝家丽还将这些精妙绝伦的图案延伸到了布艺上，不管是窗帘、沙发、靠包或是其他软装饰品，都源自同款壁纸。

要是想把家里打造成法式中国风，帝家丽就是你的不二法门。不过好看的图案那么多，即使不满铺壁纸，单买一幅裱成画，或者买一个靠包拿回家，也是极好的。让家华丽胜过 Met Gala，就从帝家丽开始吧！

不止如此，包括梵克雅宝、蒂芙尼的店铺装修，丽思卡尔顿、半岛酒店、四季酒店等大酒店的设计中也全都有帝家丽的身影。

再比如我们更熟悉的，影星孙俪有一组在浴缸中的时尚大片，干脆就在帝家丽上海的展厅中取景。因为喜欢，她后来也在自己家里用了帝家丽的壁纸。

用壁纸还不算什么，名模凯特·摩丝（Kate Moss）甚至亲自给帝家丽设计了壁纸，这就是 Anemones in Light 系列，这个系列被用来装饰凯特·摩丝在伦敦的家，是帝家丽与凯特·摩丝一同讨论、设计出来的。在这个项目中，凯特·摩丝既是设计师，也是客户，她选择了希腊神话中象

凯特·摩丝和她设计的 Anemones in Light 壁纸

DIESEL LIVING

敢争家居界最潮的"范儿"

刘烨主演的电视剧《老男孩》中出现了它们的身影，李诞用它们来放烤串，甚至连《恋与制作人》中的白起这样的"二次元"人物也和它们扯上了关系。而且这个系列还获得了《Wallpaper》杂志的设计大奖，可以说是叫好又叫座。

2018年易烊千玺以小王子的形象拍摄了野兽派的中秋大片，一出来就好评如潮。除了他本人的可塑性再获肯定之外，广告片里的产品也跟着热销，比如用在大片背景中的一块月球镜面就因此而卖断货，易烊千玺不但热度是顶级，带货能力也是一等一的。

其实这个月球镜面算不上新品，更早之前也以茶几的形式出现在井柏然的家中，当时就有很多朋友想要购买。

说起来，月球还真是个热门的设计图

My Moon My Mirror系列圆镜

左：Diesel Living 与 Moroso 合作的 My Moon My Mirror 系列茶几，并柏然家也有一个
右：Diesel Living 与 Seletti 合作的 Cosmic Diner 系列餐盘，全部以星球为灵感，其中以月球盘最受欢迎

腾，Seletti 著名的月球盘也用了这个元素，不过你可别以为这些月球元素都是偶然，背后一个叫做 Diesel Living 的品牌正在笑而不语——没错，所有这些月球元素的东西都来自于 Diesel Living。

Diesel 应该很多人都知道，做牛仔裤起家的意大利时尚品牌，一直走不羁的潮流路线，很受年轻人欢迎。

Diesel 打出来的口号以及拍出来的广告也个性十足，比如"缺陷比完美更美"（Go with the flaw），"就是傻又如何"（Be

stupid）等，让人一看就觉得很酷！

这种酷劲儿不仅仅局限在时装领域，2009 年 Diesel 开始将事业版图扩张到家居界——Diesel Living 正式成立，不同于 Zara Home 和 H&M Home 以小商品占据主要产品构架形式的自产自销，打从一开始，Diesel Living 就决定侵占你生活中的方方面面。

这也是为什么它一开始就联手意大利家具品牌 Moroso 推出了一系列家具，而不是家饰的原因。上面说到的镜子和茶几

Cosmic Diner系列太空人花瓶

与Scavolini合作的橱柜系列

与Berti合作的地板系列

月球盘就是出自Diesel Living和Seletti一起开发的"Diesel Living with Seletti"产品线。

月球盘和其他10个星球盘一起组成的Cosmic Diner系列一经推出就成为了网红爆款。刘烨主演的电视剧《老男孩》中出现了它们的身影，李诞用它们来放烤串，甚至连《恋与制作人》中的白起这样的"二次元"人物也和它们扯上了关系。而且这个系列还获得了《Wallpaper》杂志的设计大奖，可以说是叫好又叫座。

因为这一套星球盘的爆红，之后Cosmic Diner系列又接连推出了太空人花瓶、流星许愿杯等大热单品，让"Diesel Living with Seletti"一跃成为Seletti家族中最受瞩目的一条产品线，Diesel Living也变得更为普罗大众所熟知。

都是来自于"Diesel Living with Moroso"的My Moon My Mirror系列，又潮又酷，还有一丝暗黑风格，很让人着迷。

假如大的月球镜面和茶几太贵，不要紧，一张盘子谁都买得起——那张著名的

说来你肯定有些疑惑，为什么Diesel

Living的所有产品都要加个"with"呢？这恰恰是Diesel的高明之处，Diesel本身拥有强大的设计团队，时尚感和设计感都是顶尖的，他们要做的事就是寻找各个领域最顶尖的制造商来实现自己的设计。

于是，在家具方面，他们找来了Moroso；灯具研发他们找来了Foscarini；厨卫方面他们找来了Scavolini；饰品方面找来了Seletti；之后Diesel Living又进军装修材料界，找到Berti来打造地板系列；又与Iris Ceremica一同推出了墙砖和地砖系列。Diesel Living最新的合作对象是意大利的床品制造商Mirabello Carrara，他们一同合作推出了床品系列。至此，Diesel Living真正变成了一个在家居领域无孔不入的品牌。

上面的这些品牌不一定拥有悠久的历史，但绝对是拒绝循规蹈矩，将创意与个性根植到每一件产品的典范。也正因如此，Diesel Living才能和他们愉快地合作，一起搞创作。一旦确立了合作关系，Diesel Living的创意团队便会交出一张张令人惊艳的设计稿，接下来的开发与生产，便会由相应的合作品牌来跟进。

也正因为产品的设计大权由Diesel Living牢牢把控，所以无论和多少不同的制造商合作，旗下的每一件产品都能达到概念和风格上的高度统一。这是一种完全有别于北欧小清新，又不同于传统高端意大利品牌的风格——粗粝、冷峻、犀利、狂野，充满工业元素和金属质感，在复古和未来中找到一个完美的折中点，同时又

与Moroso合作的
Iron Maiden沙发

Rock 系列的灯具和椅子

Rock 系列灯具

与 Foscarini 合作的 Cage 吊灯，灵感来自于
矿灯，优美、纤细的铁丝由密到疏的变化倒
是让我想到维多利亚时代经典的女性裙撑

不乏摇滚精神。当然，这些都是它在视觉上给人的感受，在触感上，特别是沙发和织物，将舒适化为极致，感觉整个人可以窝在上面融化一般。

像是和 Moroso 合作的 Iron Maiden 沙发，中文翻译过来的意思是铁娘子，从它的造型就很容易理解这个名字——金属的沙发骨架给人一种坚硬牢固的工业感，但巨大的坐垫和靠垫看上去就像是刚出炉的早餐面包一样柔软，让人坐下去了就不想起来，一刚一柔相得益彰。近年他们推出了户外版铁娘子，灵感来自于墨西哥野外大型植物的面料给沙发赋予了更多生命力，虽说是户外版，但防雨的面料触感依然非常细腻，放在室内也妥妥的。

Diesel Living 还有一个 Rock 系列，

与Foscarini合作的Wrecking Ball吊灯

和Seletti合作的Machine系列餐具、器皿，机械感十足。刀叉反面的扳手可以作为真的扳手使用。盘子和烛台的齿轮、螺母元素都透着浓浓的工业风

产品包括和Moroso合作的椅子，和Foscarini合作的吊灯、落地灯等。这个系列就和它的名字一样酷，最大的特点就是椅背和灯罩的设计，看上去像是水晶和矿物质的几何结晶面一样丰富多变，虽是工业流水线作品，却依然给人一种自然凝结的无序感和随机感，就像是独一无二的。

说到和Foscarini合作的灯具，有几款我很是心仪，像这款Cage吊灯，顾名思义是被笼子罩起来的一盏灯，但它的设计灵感实际上来自于矿灯——为了增加牢固度和安全性而在灯泡上罩上一层防护网。这款吊灯的铁网显然非常

与 Iris Ceremica 合作的 Glass Blocks 系列瓷砖

Diesel的时尚和设计基因都发挥到了一种极致。

一直说Diesel Living的工业感强，品牌自己应该也当仁不让，不然又怎么会和Seletti一起炮制出Machine Collection工业系列呢。这个系列的餐具放在厨房可能会让客人误以为走进了工作车间。杯子是螺母造型、盘子是齿轮状，最妙的是刀叉真的可以当成扳手用，也算是买一送一了！

Diesel Living和Iris Ceremica开发的瓷砖也完全改变了我过去对于瓷砖"只能用在厨房卫生间"的看法。Diesel的工业感被诠释得淋漓尽致，铁锈、水泥、粗糙的木纹，反正怎么工业怎么来。不过我最喜欢的是叫做Glass Blocks的系列，把瓷砖做成了玻璃砖的质感，看上去竟也觉得晶莹剔透。当然了，这些木纹、玻璃砖的质感全是通过数码印刷附着到瓷砖上的，一来图案的精度要高，二来印刷的技术还要够硬才行，有了Iris Ceremica的技术支持，Diesel Living当然可以放开手脚来设计了。

最后再补充一句，如果你路过Diesel Living的展厅，一定要进去看看！正因为它拥有从客厅到卧室、厨房、卫生间的全系列产品，所以它的展厅就是一个时髦到极致的高级公寓，一定会给你带来源源不绝的家居灵感！

有讲究，弧度设计得非常优美，纤细的铁丝由密到疏的变化倒是让我想到维多利亚时代经典的女性裙撑，无形中又平添了一抹时尚色彩，但本质上依旧散发着浓浓的工业气息，这就是最Diesel的味道！

还有一款Wrecking ball吊灯就更酷了——这是建筑工地上用来砸墙的大铁球，竟也被Diesel Living变成了吊灯，还非常好看，渐变的反光效果倒是更像舞池中的Disco Ball（迪斯科球）！和大铁球一样，这款灯也是用铁链吊起来的，效果非常酷！而且吊链上还增加了带有Diesel商标的黑色带子，这可是经常出现在Diesel时装中的设计元素呢！可以说这盏灯把

FORNASETTI
追星追出了一段传奇

前两年华为联手Fornasetti推出了定制版智能手表，进一步巩固了欧洲市场。作为华为在欧洲的重要合作伙伴，Fornasetti的实力自然是不言而喻。

有位美女，她的大头照几乎人人都见过，这些大头照不是艺术品却胜似艺术品，欣赏者遍地都是。同时她也拥有世界上变化最多的一张脸，比我们川剧的变脸还厉害，就连Lady Gaga的造型也不及她的丰富。她的形象总是出现在各种影视剧和杂志推荐里，而国内购物网站上她的盗版大头照更是泛滥成灾。

很少有人知道这个美女的名字是丽娜·卡瓦里艾莉（Lina Cavalieri 1874-1944），意大利著名的歌剧女演员，

丽娜·卡瓦里艾莉

左：皮耶罗·佛纳塞堤
右：以丽娜·卡瓦里艾莉为灵感设计的餐盘

还曾被意大利媒体誉为世界上最美的女人。她之所以能够"靠脸走天下"，还得多谢Fornasetti——这个意大利顶级家居品牌你可能还不大熟悉，但前两年华为联手Fornasetti推出定制版智能手表，进一步巩固了欧洲市场。

作为华为在欧洲的重要合作伙伴，Fornasetti的实力自然是不言而喻。它在欧洲，尤其是意大利有着超然的地位。创始人皮耶罗·佛纳塞堤（Piero Fornasetti）可谓艺术全才，绘画、雕塑、室内设计、书籍装帧无所不精。

不仅如此，皮耶罗·佛纳塞堤的创造力似乎无穷无尽，一生缔造出了13000多件作品，包括餐具、香氛、家具、织物、壁纸等。这些作品多以太阳、月亮、建筑、丽娜的脸庞、蝴蝶和猫头鹰的图像为

元素，融合了古典建筑与意大利经典装饰元素，他的一生就是一出艺术狂想曲。

虽然元素众多，但皮耶罗在不断生产的作品中，创造出一种一眼就能识别、并能不断融合新事物的视觉语言和符号，这个视觉符号就是丽娜·卡瓦里艾莉那张优雅而迷人的脸。

事情缘起说来也有趣，皮耶罗第一次在杂志上看到女神丽娜的照片就被她勾了魂。哪个纯情少男心中没有梦中情人呢？

左：以古希腊爱奥尼克柱为灵感设计的椅子
右：以丽娜·卡瓦里艾莉为灵感设计的椅子

都很棒，给家里带来一股既典雅又前卫的气息。

除了被用在各种小物件上，Fornasetti甚至还用她的肖像做了椅子的靠背，实在是幽默得很！其实Fornasetti的很多产品里还有一个明显的设计符号，那就是典型西方建筑元素的运用，像以古希腊立柱作为靠背的椅子，就是其经典的设计。

不仅是家具，这样的建筑元素还被Fornasetti用到了壁纸上。想想看，一整面墙都是恢宏的西方拱廊和立柱，十分震撼！Fornasetti的壁纸都是和英国壁纸品牌Cole&Son合作的。Cole&Son壁纸在英国可是皇家御用，影响力可见一斑。

但他并不是内心涌动，而是将丽娜变成了自己的缪斯——脑洞大开的皮耶罗，以丽娜的形象创作出无数形象各异又风格统一的设计作品。时至今日，有着丽娜形象的产品始终都是Fornasetti的热销品。

丽娜可能自己都没搞不明白，就莫名其妙地成就了皮耶罗，让他成为了设计史上的大师，而大师也以他一系列的作品，让丽娜的盛世美颜一直流传到今天，并以这样的形式永葆青春。

所有这些印有丽娜脸庞的单品里，我最喜欢的就是一系列的装饰盘，就像我开头说的，丽娜的形象在这张盘子上被发挥到了极致。说她变幻无穷一点儿不为过，这些盘子简直美到不舍得用，不管是搁在桌上做摆件还是直接挂起来做墙饰，效果

Architettura Celeste
系列椅子

建筑元素的运用在Fornasetti的产品里十个手指头都数不过来。包括他们在2018年推出的全新的"Architettura Celeste"（天上建筑）系列就将经典的建筑元素进行全新演绎，用天空蓝串起了一整个系列。这个系列就像是漂浮在天空中的西方神殿，仙得不得了

Cole&Son和Fornasetti已经合作设计了整整3个系列的壁纸，每一款都美到极致，不过最值得一提的，还是壁纸界的皇后——乌云壁纸。自它诞生以来就登上了无数杂志，走进一个又一个好品味之家，不管是照片墙（Instagram）还是拼趣（Pintrest），都能搜出一堆用了这款乌云壁纸的美图，是妥妥的网红。

两个品牌方看到了乌云壁纸的热度，更是一发不可收拾，什么黑云、白云、彩云款出了个遍，以至于到现在我都有点审美疲劳了。当然，这也恰好反映了这款壁纸的人气，我还记得第一次看到这块壁纸时的样子，毫不夸张地说，它就是壁纸界独一无二的皇后。这也可能是人类第一次这么着迷于乌云吧！

Fornasetti的家具动辄就是好几万元，对于入门级收藏者来说，拥有一张Fornasetti的装饰盘就是最具性价比的选择，价格一般从1000多人民币到2000多

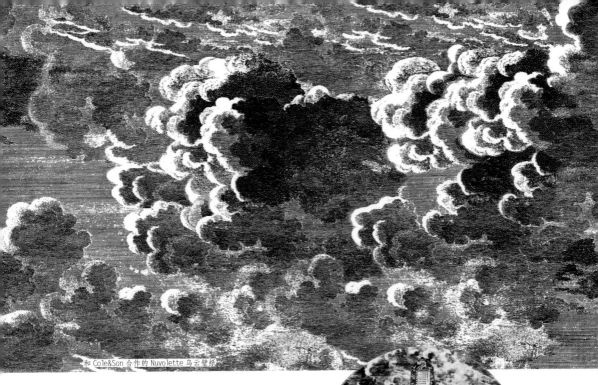

和 Cole&Son 合作的 Nuvolette 乌云壁纸

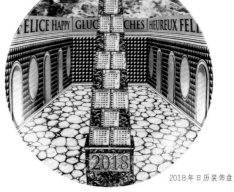

2018年日历装饰盘

不等。舍不得用来装番茄炒蛋，也可以挂在墙上每天看着它，提升审美。

Fornasetti每一年都会限量发售几百件日历装饰盘，是全球无数骨灰级藏家的疯抢对象，发售价格大概3000多人民币，非常值得收藏。买得起的艺术品，说的就是Fornasetti了。

看了Fornasetti的传奇，是不是觉得理性追星，也能从其中发现商机？当然，最重要的是，不管做什么，只要一直努力下去，总能发现不一样的自己。

2019年日历装饰盘

2017年日历装饰盘

FOSCARINI
设计时尚"两开花"

有别于以往的钓鱼竿式落地灯的笨重基座，圆盘形的玻璃纤维底座轻薄又不占空间，还更方便挪动，连电视剧《何以笙箫默》里也出现过这盏落地灯，非常抢镜。

如今，设计和时尚"两开花"几乎司空见惯。很多时尚界人士都会跨界来做家居设计，超模凯特·摩丝和英国壁纸品牌帝家丽合作设计壁纸，王大仁（Alexander Wang）为意大利顶级家具品牌Poltrona Frau设计了限量的系列家具，更别说一众时尚品牌，比如路易·威登、爱马仕、芬迪、阿玛尼、Zara、Diesel等都推出了自己的家居产品线。

说到Diesel这个意大利时尚大牌，他们的家居线叫做Diesel Living，重点是

和Diesel Living合作的Wrecking ball吊灯

名模崔姬

就拿品牌最具代表性的作品之一——Twiggy落地灯来举例，Twiggy（崔姬）一词原意为小嫩芽，是20世纪60年代名模Lesley Hornby的外号，因为她矮小的身材、未发育的胸部、纤长的细腿儿，看起来就像一根小嫩枝一样。要知道，在此之前，玛丽莲·梦露式的性感尤物大行其道。而Twiggy的出现可以说给时尚界带来了一场不小的变革，她那小男孩一样没有起伏的身材成为一种对传统的反叛，建立起一种全新的审美标准，并迅速风靡世界。

"Living"（生活方式），言下之意就是要网罗你生活中的方方面面——家具、灯具、厨卫、饰品、家纺，甚至连硬装的材料都涉猎了，而且每一方面都做得相当精彩，可以说是颜值高、品质好的代表。这其中的秘诀，就是Diesel Living只负责最擅长的设计，而将生产全权交给各个领域最具竞争力的品牌，比如他们的家具线和Moroso合作生产、饰品线找来了Seletti……都是各自领域中的强者，而灯具线就是和意大利灯具品牌Foscarini合作的。

之前在讲Diesel Living的时候已经说到他们和Foscarini合作的一些灯具，都非常戏剧化，充满设计感。说到Foscarini自己的主线灯具，同样也是一个厉害角色，更有趣的是，在设计上一向丰富多变的Foscarini还真和时尚有着千丝万缕的联系。

这款落地灯就取自崔姬的时尚形象，简约而极富线条美感，柔软自然的线条就像是树上冒出的一枝新芽，纤细修长的轮廓显得轻盈又优雅。然而实际上，它却有着相当精密的力学考量，有别于以往的钓鱼竿式落地灯笨重的基座，圆盘形的玻璃纤维底座轻薄又不占空间，还更方便挪

Twiggy 落地灯

Caboche 吊灯

Caboche灯具的灵感来自于珍珠手链。
灯罩分成两层,内里一层为吹制玻璃,
外面一层是PMMA塑料,也就是有机玻
璃制成的一颗颗小圆珠,在灯光的照射
下晶莹闪耀,格外漂亮

动。电视剧《何以笙箫默》里也出现过这
盏落地灯,非常抢镜。

Foscarini的灯具,不但跟时尚人物沾
亲带故,还能和时尚单品扯上关系。同样
是品牌最畅销的产品之一,西班牙设计师
帕奇希娅·奥奇拉和意大利设计师埃莉安
娜·格洛托(Eliana Gerotto)联手设计
的Caboche系列,灵感就来自于珍珠手链,
充满华丽柔美的女性特质。

Caboche以吹制玻璃灯罩打底,再将
PMMA塑料制成一颗颗晶莹剔透的小圆珠,
穿成珍珠手链般的装饰。光线透过玻璃灯
罩,经过透明圆珠折射出柔和又斑驳的光
芒,每颗圆珠相互辉映着光芒,就像闪动
的水晶一样漂亮,真是令人心动!

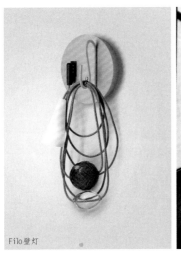

Filo壁灯

工匠制作玻璃灯具

Filo系列的灯具不开灯就好看，打开后效果更棒！灯光打在彩色的吹制玻璃球上，反射出富有变化的光芒，十分具有装饰效果

　　Foscarini 1981年成立于举世闻名的玻璃之城——威尼斯的穆拉诺岛。经过30多年的发展，如今的Foscarini虽然已经是世界知名的灯具大亨，但吹制玻璃始终都是品牌撒手锏和保留项目，比如灵感来自于项链的Filo灯具就是创意与工艺的绝妙组合。

　　Filo灯具的电线被一圈圈缠绕在灯架上，圆锥筒形的陶瓷灯罩搭配不同造型和颜色的吹制玻璃球装饰，一同被串在电线上，就像是一条挂在首饰架上的珠宝项链，有着强烈的装饰风格。一般灯具的电线会尽量低调，以保证灯具整体造型的美观，而Filo灯的电线恰恰是整个灯最精髓的装饰元素，多种色彩和不同的质地让这个系列有了丰富的层次，放在家中，即使不开灯也是极富个性的存在。

　　把设计品做成了时尚单品，还有着比时尚单品更长的寿命，如果要用一句话总结Foscarini，那就是不爱不行！

FRITZ HANSEN、CARL HANSEN、PP MØBLER & SON

三生三世三重门

一个土生土长的丹麦人,为何会做一把"中国椅"?有种说法是他在博物馆里看到了中国明朝的圈椅而灵感迸发;还有一种说法是他看到一幅画,上面有一个坐着明朝椅子的丹麦商人。

原本我只想写写丹麦家具品牌Fritz Hansen,结果发现给自己出了个难题。要说Fritz Hansen的当家小生,那肯定是安恩·雅各布森(Arne Jacobsen)没跑了,毕竟Fritz Hansen所有产品里销量最高的就是安恩设计的Series 7(7号椅),更不用说他还贡献了无数其他爆款。但即便如此,说到Fritz Hansen的发展就不得不说另一位设计巨匠——丹麦现代主义的大师代表汉斯·瓦格纳(Hans Wegner),毕竟大师为Fritz Hansen贡献了极具开创性的China Chair(中国椅)。

安恩·雅各布森

左：丹麦现代主义大师汉斯·瓦格纳一生作品无数，其中又以座椅最具代表性
右：汉斯·瓦格纳设计的中国椅，其灵感正是来自于中国明代的圈椅

　　难题也就在这里。说到瓦格纳，又怎么能仅仅只提Fritz Hansen呢？虽然瓦格纳的中国椅目前依然被Fritz Hansen生产，但拥有瓦格纳大部分设计作品版权的却是Carl Hansen& Son和PP Møbler两家丹麦品牌。因此我们不但要交代超抢手的大师瓦格纳和三个品牌的前世今生，还要重点讲讲我们的当家小生安恩·雅各布森。

　　关于这个"四角关系"，首先需要理理时间轴：三个品牌中，Fritz Hansen于1872年率先成立，也是最先与瓦格纳确定关系的一家；Carl Hansen& Son成立于1908年，需要提醒的是，Hansen在丹麦是大姓，和赵钱孙李一样普及，Fritz

Hansen和Carl Hansen& Son完全没有什么血缘关系；三个品牌里PP Møbler最晚，1953年才成立，彼时瓦格纳已经在业内呼风唤雨了。

　　Fritz Hansen的发展顺风顺水，20世纪初从制作橱柜开始，后转型研发坐具，和一系列响当当的设计师建立合作，将大师们的设计理念融入生活。在瓦格纳之前，Fritz Hansen已经和很多设计师联合推出了各种木工座椅，包括后来成为品牌"一哥"的安恩，早在1930年代就开始给Fritz Hansen做设计。但Fritz Hansen真正一鸣惊人的椅子，还属瓦格纳在1944年为其设计的中国椅。

中国椅

我们熟悉瓦格纳，正是因为他设计了一系列和中国明式家具有关的座椅。在他高产的一生当中，设计出500多款椅子，1/3都和"中式"有关，其中Y字椅、The Chair椅等早已成为不朽的经典，而这一切的开端，就是这把中国椅。

一个土生土长的丹麦人，为何会做一把"中国椅"？有种说法是他在博物馆里看到了中国明朝的圈椅而灵感迸发；还有一种说法是他看到一幅画，上面有一个坐着明朝椅子的丹麦商人。且不论哪种更准确，就这把椅子而言，瓦格纳真是做到了用新设计、新工艺、新观念重视了明椅的美。

这把中国椅保留了明式圈椅中传统的圆形扶手，摒弃了圈椅中略显复杂的装饰元素和踏脚帐等部件，让其在保留了明椅造型特点的基础上，被提炼得更加简洁、纯粹，更符合现代人的审美和使用习惯。同时，人们依然能够从这把代表了北欧简

约设计的座椅中捕捉到明式家具的神韵。这把椅子现在Fritz Hansen仍在生产，而且它还是Fritz Hansen现今所有产品中唯一一个实木家具，依然以瓦格纳最初选用的樱桃木来生产。

现在有许多设计师再造明式家具都流于形式而无法掌握其精髓，瓦格纳之所以能让经典再生，全赖于他设计师与木工的双重身份。瓦格纳的爸爸是个鞋匠，从小他就耳濡目染，崇拜老爸高超的技艺不说，自己也萌发了对于手作的兴趣，十来岁就当起了木工学徒，并在15岁时创作出自己的第一把椅子。

技艺的纯熟让瓦格纳内心有了更大的渴望，他希望能在设计技巧上更进一步，于是进入哥本哈根的工艺美术学校学习，技艺和设计两手抓，创作天赋也逐渐显露出来。

拥有精湛木工技艺的设计师，就算放

到今天也是个稀有物种，更何况是当年，对材料、结构、工艺、造型都了解深入的瓦格纳红得有理！中国椅之后他的创作力持续大爆发，就在这时，蒸蒸日上的Carl Hansen& Son在1949年成功找到瓦格纳，展开了长达半个世纪的合作。

瓦格纳给Carl Hansen& Son带来的第一件作品就是于1950年推出的Wishbone Chair椅，因为椅背精巧的Y字线条，它又有了一个更广为流传的昵称：Y字椅。Y字椅的灵感同样是来自于中式明椅，更在中国椅的基础上有了新的演变。Y字椅的诞生恰逢第二次世界大战结束，物资、木材都十分匮乏，瓦格纳选用丹麦当地生产的天然纸绳来制作椅面，每一张椅面都需要使用长达120米的纸绳，由工匠全手工编

Y字椅

Y字椅

贝壳椅

织而成。使用得久了，椅面反而能越发贴合使用者的身形。

瓦格纳在Carl Hansen& Son的另一个代表作就是现代感十足的Shell Chair（贝壳椅）。在设计上，瓦格纳完美地运用了蒸汽热弯胶合板的技术来制作，赋予这张扶手椅极为优美的曲线，人坐在上面也有非常舒适的体验。椅子的两条前腿通过一根胶合板弯曲而成，后腿则用另一根制成，不但在视觉上优美动人，也让椅身更加稳定牢靠。向上翘起的椅面看着就像是在微笑，难怪有人把它称作"微笑椅"。

这把椅子于1963年首次推出，它的前卫性颇受评论家们喜欢，但市场反馈却一般，因此当时生产的数量十分稀少。直到1998年Carl Hansen& Son重新量产，赶上了世纪末全世界对于未来主义的迷恋，贝壳椅一经曝光就受到了强烈追捧，数十年的蛰伏也终于等来了咸鱼翻身之日！

时至今日，这把椅子已经成为工业设计史上最具标签化的设计之一。瓦格纳本人有句名言——椅子不应该分什么正面背面，无论从哪个角度，椅子都应该是美的——而这把贝壳椅就是最佳诠释。

终于讲到了PP Møbler，别看它成立时间晚，如今却是拥有瓦格纳设计版权最多的一个品牌，我想有个重要原因是瓦格纳的家和PP Møbler的工坊只有几步路的距离，瓦格纳一有空就会跑去PP Møbler的工坊研究工艺。

他们合作的第一件作品是Teddy Bear Chair（泰迪熊扶手椅），椅身由全实木手工制作，填充上棉花、亚麻、鬃毛等多种天然纤维材料，宽大的靠背和向上扬起的扶手就像是从背后给你的一个"熊抱"，柔软舒适，整个人陷进去了就不想起来。

在瓦格纳的所有作品中，如果只能选一件来代表他，那可能就是The Round椅了，因其扶手流畅优美的曲线而得名。明椅的奥义已经被瓦格纳吃透，他不断简化

The Round椅

泰迪熊制手椅

椅子的造型，将极简主义在这把椅子上运用得出神入化。这是他作品中影响力最大的一个，除了一贯精良的设计与制作，它的成名也离不开花边新闻！1960年，在美国总统竞选中，肯尼迪和尼克松史无前例地出现了电视辩论环节，两位总统候选人当时坐的就是这把The Round椅。从此它一战成名，美国媒体称其为"世界上最美丽的椅子"，后来人们干脆直接叫它"The Chair"，作为一把椅子，这也算是无上的荣光了。

这里还要再展开一条线加以说明，之前我讲到，Hansen是丹麦的大姓，除了Carl Hansen& Son和Fritz Hansen，还有一个和瓦格纳交情匪浅的品牌Johannes

当年瓦格纳在设计中国椅时曾做出了无数个版本来逐步完善他的设计，除了 Fritz Hansen 最为流传的版本，PP Møbler 还拥有另一个版本的中国椅。一样的概念、不同的细节处理，同样出瓦格纳，哪一个更好就见仁见智了！

孔雀椅

Hansen。这把 The Chair 椅实际上是瓦格纳给 Johannes Hansen 设计的，这个品牌在 1990 年倒闭了，很多设计版权被 PP Møbler 接手，今天所见到的大多数 The Chair 椅，都是由 PP Møbler 来生产的。

同样从 Johannes Hansen 手上接过版权的还有诞生于 1947 年的 Peacock Chair（孔雀椅）。它的灵感来自 18 世纪从英国流行开来的温莎椅，温莎椅最显著的特点就是其细骨椅背，但瓦格纳认为传统的温莎椅结构并不舒服，于是将靠背的中段改成扁平状，不仅为背部提供了绝佳的舒适性，看上去就像是孔雀开屏一样漂亮。

"孔雀椅"的名字是另一位丹麦设计大师芬·居尔（Finn Juhl）给的，他第一眼看到这把椅子时就脱口而出了这个名字，然后便一直延续至今。

从 20 世纪 50 年代开始，瓦格纳就在各个品牌之间左右逢源，风生水起。就在这时，跨界到家具设计的建筑大师安恩·雅各布森开始了他在 Fritz Hansen 旗下最为鼎盛的十年，可以说 1950 年代的 Fritz Hansen 是属于安恩·雅各布森的。

首先是 1952 年推出的 Ant Chair（蚂

蚂蚁椅

蚁椅），当时安恩·雅各布森早就对伊姆斯夫妇的胶合板热弯家具大为欣赏，于是决定自己也搞一把出来。这把椅子因其外形酷似蚂蚁而得名，弯曲的线条简单优美，椅背、椅座一体膜压成型，椅背中间微微内缩，卡住后背，给人舒适的坐感。

三条腿版的蚂蚁椅

安恩·雅各布森一贯追求简约的设计，蚂蚁椅的初始版只有三条腿，容易坐不稳，Fritz Hansen一开始并不想投入生产，但安恩·雅各布森撂下狠话，他愿意买下所有卖不掉的蚂蚁椅，这才让Fritz Hansen吃下定心丸，将椅子投产。

不过据说后来还真发生了椅子翻倒酿成惨祸的事故，所以这把椅子最终还是被改成了四条腿。虽然几经周折，但这把椅子还是成为了20世纪最经典的座椅之一，更间接促使了7号椅的诞生。

安恩·雅各布森在蚂蚁椅的基础上不断改进、研究，并于1955年推出了他的巅峰之作——7号椅。这把椅子和蚂蚁椅的工艺相同，造型却更加简练干脆，椅面和椅背的弧度经过多位真人实体试坐、调

7号椅

1960年完工的哥本哈根皇家酒店是当时丹麦境内最高的建筑体，因其高耸的建筑结构在当时招来了不少破坏哥本哈根天际线的批评。如今这间酒店依旧是哥本哈根最受欢迎的酒店之一，每年都有不少设计爱好者专程前往朝圣

整，最终打造出一把高度符合人体工学的一体成型曲面椅。

可以说这把椅子完整地融合了现代主义风格与北欧的自然主义，百看不厌的工艺塑形和舒适的坐感在功能和美学上达到绝佳的平衡。最初安恩·雅各布森还给7号椅做了两个扶手，但事实证明大家反而更喜欢没有扶手的版本，造型干净、纯粹，浑然天成。没有扶手的7号椅一经亮相就叫好叫座，数十年来不断推出各种颜色与质感的版本，让它历久弥新，时至今日已经成为Fritz Hansen史上销量最高的一件单品。

到了20世纪50年代末，安恩·雅各布森又再攀高峰，完成了一件超级厉害的作品——哥本哈根皇家酒店（SAS Royal Hotel），上到酒店整体建筑构架，下到房间的门把手，全由安恩·雅各布森本人亲自操刀，可见其用心。

1960年完工的哥本哈根皇家酒店是当时丹麦境内最高的建筑体，因其高耸的建筑结构在当时招来了不少破坏哥本哈根天际线的批评，但安恩·雅各布森当时所呈现的可开合式的玻璃帷幕将天空整个映照在建筑上，成为一道极震撼的城市美景。

而安恩·雅各布森设计的一系列经典家具——Egg Chair（蛋椅）、Swan Chair（天鹅椅）、Drop Chair（水滴椅）等都是诞生于这间酒店。这间酒店如今已更名为Radisson Collection Royal Hotel，依然是哥本哈根最火爆的酒店之一，每年都吸引了不少游客与设计发烧友前去朝圣。

上面说的3件家具全部是安恩·雅各布森为酒店量身打造，加上当年材料价格高昂，起初并没有量产的打算。但这么美好的东西岂能暴殄天物，在Fritz Hansen的不断努力和材料研发下，这些家具最终得以量产，真是做了件大好事！

Drop Chair水滴椅原本是为酒店的餐厅而打造，据说这是安恩·雅各布森本人最爱的一件单品。因为他非常喜欢从背面看着他的妻子坐在上面化妆描眉，水滴形状的椅背

水滴椅

蛋椅

天鹅椅　Favn 沙发

将他妻子的肩部和背部线条映衬得完美动人，也流露出建筑大师浪漫的一面。

为酒店大堂而设计的蛋椅在制作时首次运用了全新的技术，以石膏模型的形式，像制作雕刻作品那样，制成了作品原型。在椅子内部填充强化泡沫增加弹性，以使它的外形成为一个完整的整体，这样不仅让外观更加圆滑有弹性，坐感也更加舒适，不容易变形。

蛋椅独特的造型就像雕塑一样充满表现力，而它整体内扣、将人包裹其中的设计更是给使用者辟出了一个不被打扰的空间，坐在里面不但舒服得很，还特别有安全感，难怪很多人都想给家里来一张，绝对是白天小憩的神器。

天鹅椅的制作工艺和蛋椅如出一辙，造型上两侧的弧形扶手就像是天鹅扬起的羽翼，椅面略微倾斜，让身体重心向后倾，通过椅子的支撑与包裹，给使用者带来非常放松的体验。

总之，有机会去哥本哈根的话，一定不要错过这家酒店。单日房价从2000多元起，能够彻底感受一番大师的心血之作，性价比也是超高的！

虽然拥有一大堆经典设计，但Fritz Hansen显然不是一个吃老本的公司，在新千年后，他们依旧干劲十足地和一系列新世代的设计师展开合作，比如和西班牙设计师亚米·海因合作的Favn沙发和RO椅就是Fritz Hansen时下的代表作。

"Favn"在丹麦语中是拥抱的意思，内扣的沙发扶手就像是张开双臂给你的拥抱，强大有力，而内里厚实的坐垫和不同尺寸的靠垫打造出丰富的视觉层次，3个垫子还能选择不同的面料来制作，让效果更加活泼丰富。亚米·海因用一个外表坚固、内在柔软的设计给人以温暖舒适的体验。

"RO"在丹麦语中的意思是宁静。亚米·海因希望使用者在繁忙的都市生活中能够在这把椅子上坐一坐，享受哪怕只有片刻的宁静时光。

Ro椅子和Favn沙发一样有着强硬的外壳和柔软的内衬，造型简单有力，特意拔高的椅背不但给人一种包容的呵护感，还非常具有戏剧性，装饰效果一流。

好了，讲了这么多，好歹是把Hansen们给理顺了！回头别人问你Fritz Hansen和Carl Hansen& Son和Johannes Hansen到底是什么关系，可不要蒙圈了哦！

RO椅

GUBI
才不是什么北欧小清新

有赖于井柏然的关系，如今这一品牌在圈内圈外的认知度可比以前高了不少。

甲壳虫椅和Multi-Lite落地灯

井柏然的家前两年通过媒体曝光在大众面前，人们猛地发现了这个衣品一流的明星还有着超高的家品，一下子吸引了不少粉丝。这个有点"小做作"的家可以说是精致生活的范本。"做作"在这里绝对是褒义哦！我一直觉得，只有心里保留一些"小做作"，才能练就生活中的仪式感！

随着井柏然家一并曝光的，还有他家那些时髦又精致的设计单品，其中就有我很喜欢的丹麦品牌Gubi。没记错的话，这

应该是Gubi在国内最具规模的一次曝光，在此之前，Gubi顶多算是设计圈和媒体圈里的小众品牌。虽然因为品牌价格和渠道的原因，目前Gubi仍比较小众，不过有赖于井柏然的关系，如今Gubi品牌在圈内圈外的认知度可比以前高了不止一丁半点儿。

最早关注到这个品牌是在一本设计杂志上，当时被它的一盏吊灯吸引，这盏名为Multi-Lite的灯最大特点在于可以通过调节它的灯罩来改变光源范围，从而改变居家氛围。

这是一款相当有设计感的灯，最外面的这层灯罩被中间的圆环一分为二，可以根据你的使用习惯来调节左右两侧的灯罩位置，全上或全下，沿中轴线左右对称，又或者一上一下分居圆环两侧，都能带来不一样的光照体验，不但好看，还格外有趣。让人意想不到的是，这款装饰感极强的灯诞生于1972年，实在是前卫。如今它早已是Gubi最具代表性的产品之一，灯罩有好几种颜色可选，之后还推出了落地灯款，我也终于买了一盏放在床头，每天一睁眼就能看到它，可不就是元气满满的一天嘛！

甲壳虫椅

不知为何，我总觉得相比一些传统的北欧品牌，Gubi并没有显得很"北欧"，特别是黄铜、丝绒面料和大理石的大量运用，反而有一种意大利家具那种低调的奢华感，这种感觉尤其表现在我喜欢的另一件代表作上——Beetle Chair（甲壳虫椅）。

设计师组合GamFrastesi从大自然中的微观世界来切入，以甲壳虫圆滑又坚硬的外壳为设计理念，创造出这款经典座椅，纤细的椅腿十分雅致，微微向内卷的椅面则给人一种被包覆的安全感。

这款座椅的材料与颜色选择之多让人大开眼界。椅面以聚丙烯塑胶材质为基底，在购买的时候仅仅从材质上就可以分为全聚丙烯材料、椅面软包以及椅面椅背都软包的三种不同选择。我个人最爱的就

甲壳虫椅

是椅背露出聚丙烯材料，而椅面为软包的这种，和甲壳虫外壳坚硬，腹里柔软的样子如出一辙。软包若是选择丝绒面料，更是美得不可方物，质感也不是一般好，坐上去也能舒服得让人融化掉。

对了，这个甲壳虫椅的设计师在生活中还是一对小夫妻，分别来自丹麦和意大利，所以他们非常擅长在设计中将两国的家具工艺与经典设计相融合。这就难怪我会觉得这些设计中有意大利设计的影子啦！包括我很喜欢的TS系列边几和条案，灵感与GamFrastesi设计的位于哥本哈根

TS系列条案

TS系列茶几、边几

的The Standard餐厅一脉相承。这个系列最经典的设计语言就是由三条极细的金属线条将桌腿连接在一起，一个简单的茶几立马变得不一般了。再加上纹理细腻华丽的各色大理石桌面，打造出妥妥的奢华感！

后来一看他们官网，才发现人家原本就是一个"致力于颂扬奢华生活"的品牌。所以啊，谁说北欧风就是小清新，像Gubi这样简简单单又个性鲜明的奢华，谁能抗拒得了？

GUFRAM
越叛逆越年轻

拥有超高辨识度的Bocca沙发诞生于1970年，造型宛如一张性感的烈焰红唇，它也成为世界上登上杂志封面最多的一张沙发，简直就是"沙发界的蕾哈娜"。

Gufram这个牌子非常大胆，可以说是我见过最大胆的品牌之一。他们家的每一件产品似乎都在刷新我们对于家具的认知，极具颠覆性和反叛精神，还带有一丝讽刺和戏谑，但看上去又非常有趣。回看过往，他们的很多设计都造就了历史，比如仙人掌衣帽架、红唇沙发和草丛躺椅等。这些设计如今不是被收藏在世界各地的著名博物馆里，就是装点在各种漂亮的大宅子里。

Bocca 沙发

这几件略显奇怪的作品是不是让你有些摸不着头脑？了解一下他们的历史背景，马上就能懂了。

20世纪六七十年代被称为意大利设计的黄金时代，在这十来年中，随着新材料、新工艺的发展和波普艺术运动的影响，越来越多的设计师开始反对正统的现代主义设计。他们以非传统的设计理念和语言向固化的设计思维提出抗议，弘扬个性化设计。这就是设计史上被人们津津乐道的意大利"激进设计"（Radical Design）运动。是不是闻到了这场运动中强烈的反叛味道？

生得早不如生得巧，成立于1966年的Gufram赶上了好时候，成为这场运动的主要参与者。初生牛犊的叛逆小子Gufram贡献了包括仙人掌衣帽架、Bocca红唇沙发和Pratone草丛躺椅在内的很多产品，这些作品不但成为"激进设计"运动的标志性产品，更是为Gufram未来的发展确定了风格和方向。

拥有超高辨识度的Bocca沙发诞生于1970年，造型宛如一张性感的烈焰红唇，它也成为世界上登上杂志封面最多的一张沙发，简直就是"沙发界的蕾哈娜"。但它最初其实是为一个私人客户定制的，谁又能想到几十年后它会被世界各大博物馆收藏，并成为设计史上不能错过的经典。

说到红唇沙发，很多人会首先想到西班牙超现实主义大师达利在1935年以好莱坞女星梅·韦斯特（Mae West）的性感红唇为原型而创作的那款。其实Gufram这款Bocca沙发同样受到了达利的启发，不同的是，这一次的原型是玛丽莲·梦露的双唇。

　　2008年，Gufram推出了两款新的限量版Bocca沙发——Dark Lady暗黑女神与Pink Lady粉红女郎。暗黑色系的这款实在是酷，像是一个画着黑色口红，打着唇环的哥特摇滚少女，叛逆不羁但又特别性感。粉红女郎则像是杂志上的封面女郎，青春靓丽，永远涂着最新款的唇蜜。

　　到了2016年，为了庆祝品牌成立50周年，Gufram又隆重推出了一款限量50件的金色版本。

　　不光在"唇色"上做文章，Gufram还在2017年推出了和意大利时装品牌Moschino合作的限量款，真实地把嘴巴用拉链封起来，就像小时候看的漫画那样诙谐又搞怪。

　　Bocca沙发固然不可思议，但好歹能看出它是个坐具，而Gufram于1971年推出的Pratone草丛躺椅……请问谁能一下就看出这是把躺椅？

　　它的外形就像是随意从花园的草坪上连根拔起的一块草皮，太反常规、反传统了！但它确实有一种看上去永远前卫和诙谐的魔力，实在很难相信这是20世纪70年代初的产物。几十年后的我看着都觉得神奇，当年的设计界就更为震惊了。前面说的"激进设计"运动还记得吧，Gufram要的正是这样的效果——用Pratone把人们从长期以来所养成的规规矩矩的习惯中解放出来！

　　虽然造型猎奇，但聚氨酯泡沫柔软的回弹性保证了它的舒适性，但凡躺上去，整个人都会深陷这块"草丛"当中，舒服之余，也是一件摆拍神器。

Gufram最具标志性的产品还有那个鼎鼎大名的Cactus仙人掌挂衣架，但对于有些密集恐惧症的我来说，还是更爱那个古希腊立柱造型的坐具茶几三件套。

打开你的脑洞想想，如果一个古希腊立柱倒下来碎成几块，会是什么样？在Gufram的脑洞里，它变成了一个超个性的休闲区。爱奥尼克式立柱的柱头变成了豪华的Capitello单人沙发，符合人体工学的后倾式下陷设计，坐感非常舒适；中间的横切面变成一个小一些的扶手椅Attica，同时还包含了一个黑白相间的靠垫；最下面的基座部分是一个小茶几Attica TL，表面是一块双面玻璃，一面不透明，另一面则是镜子。

这个模块化的组合家具不管是每一个单品单独呈现，还是组合成一个整体，都非常有冲击力。你说它是新古典主义风格？它明明如此时髦！这样的冲撞感在

Disco Gufram 系列地毯

Disco Gufram 系列茶几

Cactus 仙人掌挂衣架

2018年的Disco Gufram系列，通过一系列灵感来源于20世纪70年代迪斯科的家具，将过去与现在结合起来，同时也是对"激进设计"年代的致敬。Gufram的不羁个性与无穷活力在这个系列中展现得淋漓尽致，还一举拿下了2019年《Wallpaper》杂志的设计大奖

古希腊立柱造型的坐具系列三件套。
Capitello单人沙发、Attica扶手椅、Attica TL茶几

查理·维扎

三件套可以组装成一个完整的立柱造型

Capitello 单人沙发

Gufram的设计里真是无处不在。

当然，你也可以把它们摆起来，复原一个完整的爱奥尼克立柱，放在家里个性十足。

2012年，Gufram被企业家桑德拉·维扎（Sandra Vezza）收购，她把公司交给了自己的儿子查理·维扎（Charley Vezza）来打理，查理也是一个反流行者，作为Gufram现在的所有人与创意总监，查理力图保持品牌原有的设计态度与理念，将Gufram定位在艺术与设计之间，永远不赶潮流，而是做出更多超越时间的经典产品。

2017年米兰设计周期间，查理·维扎包下了米兰一所弃用的老火车站来举办自己的生日派对，派对上他玩得非常开心，就像是一个大孩子。在后来的一个采访里，他也说到自己很崇尚"激进设计"的年代，那些年代的大师们都像是一群长不大的孩子，玩着玩着就创造出这么多惊世骇俗的作品。

评论家和收藏家都认为Gufram的产品摒弃了正统的古板，是一种带有波普艺术灵魂、具有颠覆性和警示性的作品，革命意义十足。不过，定义其实并没有那么重要，重要的是Gufram始终保持叛逆，这可不就是它永远年轻的秘诀吗？

HERMAN MILLER、 VITRA

一颗种子两生花

周杰伦的首张专辑如今已堪称几代人的回忆，封面里用的这张伊姆斯休闲椅和脚凳却是更为经典的存在。

伊姆斯夫妇

我喜欢椅子，第一是因为椅子在所有家具中性价比较高，即使品牌高端质量顶尖，毕竟不是大件家具，价格一般都可以承受；第二则是因为椅子虽小但作用很大，哪怕只是换几把椅子，整个氛围就能焕然一新。所以啊，给家里添置几把好椅子是很有必要的。

Eames Chair（伊姆斯椅）就是我非常喜欢的椅子，出自查尔斯·伊姆斯（Charles Eames）和蕾·伊姆斯（Ray Eames）夫妇之手。他们可以说是设计界的"最强夫妻档"，这名头可不是我信口胡诌。随便举个例子，纽约的MoMA现代艺术博物馆大家都知道，当代艺术与设计作品都以能够入驻MoMA为荣，而早在1946年，MoMA就开设了"查尔斯·伊姆

伊姆斯夫妇早期的代表作LCW椅

Eames Plastic 椅

就大受欢迎，直到现在都是网络上人气最高的坐具之一。不仅频繁出现在杂志、影视剧、办公室和咖啡馆里，但凡崇尚北欧风的年轻人家里，十有八九少不了它的身影，以至于它成为了椅界爆款，足见伊姆斯椅的魅力之大。

虽然很多人把这些椅子归为"北欧风格"，但伊姆斯夫妇可是不折不扣的美国设计师。

这对毕生致力于现代建筑与家具设计的夫妻俩可谓相见恨晚。当年查尔斯·伊姆斯在美国数一数二的设计学院克兰布鲁克（匡溪）艺术学院任教，认识了小自己5岁的女同事蕾，两位才华横溢的设计师被彼此深深吸引，在一起不久便结婚了。

查尔斯和蕾实力演绎了最好的爱情就

斯设计的新家具"展览，这可是MoMA第一次举办个人家具展览。

伊姆斯椅原名是Eames Plastic椅，灵感来自法国埃菲尔铁塔，他俩利用弯曲的钢筋和成形的塑料制造出这一系列座椅。优美的外形和实用功能使其一经推出

是彼此相互吸引、相互成就，两人就像彼此的灵感源泉，源源不断地迸发出设计灵感，创造出一件又一件传世佳作。

夫妻俩投身设计初期，正值第二次世界大战后，美国步入黄金年代，社会欣欣向荣，人们开始追求有品质的家居生活。适逢北欧设计大师阿尔瓦·阿尔托在20世纪30年代发表了一系列采用胶合板制作的家具，给了伊姆斯夫妇无限启发。比起原木，用薄木片高压成形的胶合板不但物美价廉，更可制造出独有的柔和曲线，令家具呈现自然丰满的美感，于是二人开始探索胶合板制作家具的可能性。

DCW/LCW桌椅是伊姆斯早期最具代表性的家具，用胶合板巧妙塑造出的椅身优美弧度，兼顾舒适的人体工学，朴实的身形中展现出优美动态，不但表现出伊姆斯夫妇对胶合板炉火纯青的运用，也奠定了他们日后的风格。

伊姆斯夫妇初露锋芒，就受邀担任美国家居大牌Herman Miller的设计顾问，创造出一系列兼具功能与美感的现代家具。

今天大家知道Herman Miller大多是因为它的办公家具，特别是其人体工学转椅系列，被收入了纽约MoMA不说，甚至被称为世界上最舒服的办公椅。但时间倒退几十年，伊姆斯夫妇为其设计的一系列家具可是品牌当时最受欢迎的产品。

第二次世界大战后的新生材料，如塑料和玻璃纤维又吸引了这对不断探索研究的小夫妻。1948年MoMA举办"家具设计大赛"，伊姆斯夫妇用玻璃纤维材料倒膜成不规则外形，打造出绝美的流线型La Chaise云朵躺椅，夺得大赛冠军。

La Chaise云朵躺椅不规则的外形充满流线美，椅身的形状将使用者的躯体形态衬托得曼妙唯美，远远看去就像是飘浮在一团云朵之上，仙气逼人，也难怪它能经常出现在时尚大片中。

虽然躺在La Chaise云朵躺椅里很舒服，但这舒适程度和他俩设计的Eames Lounge Chair& Ottoman（伊姆斯休闲椅和

La Chaise云朵躺椅

伊姆斯休闲椅和脚凳

脚凳）还是没法儿比的！

　　周杰伦的首张专辑如今已堪称几代人的回忆，封面里用的这张伊姆斯休闲椅和脚凳却是更为经典的存在。斯蒂夫·乔布斯、比尔·盖茨、郭台铭、王思聪、马丁·斯科塞斯全是这款休闲躺椅的粉丝。在收获了无数的名人粉丝后，伊姆斯休闲椅和脚凳似乎也变成了成功人士的最佳代言。

　　这张诞生于1956年的躺椅原本是伊姆斯夫妇为好友、好莱坞大导演比利·怀尔德设计的生日礼物，当时的想法，是要让好友"如置身棒球手套里"一样舒适。整张椅子由3块胶合板为基本骨架，面层以厚实的皮革覆盖，十足的华丽感，即使放在60年后的今天看，也依然保有现代感与舒适性。如今，"Lounge Chair"一词也成为所有休闲躺椅的统称，其影响力可见一斑。

伊姆斯休闲椅和脚凳

　　不过伊姆斯夫妇可不是坐具专业户，他们有太多传世的作品，像Hang it all挂衣架，原本是专为儿童打造，多彩的木质圆球看上去像一颗颗棒棒糖，可爱有趣。每一个圆球之间的距离均等，让多个挂衣架可以并排安装，来满足不同宽度的墙面挂衣的需求。因为太受欢迎，Hang it all挂衣架又推出了很多不同颜色的款式，如果家中以黑白为主色调，来个黑色版就显得更酷了，而彩色版则能打破沉闷，在统一中玩出点小花样。这样一个设计感强大

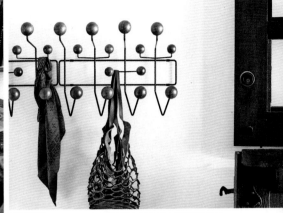

蝴蝶凳

Hang it all挂衣架

的挂衣架可不仅仅适合儿童房，放在入户玄关里也特别妙。

1978年8月21日，查尔斯·伊姆斯因心脏病去世，十年之后的同月同日，蕾·伊姆斯也离开了人世，是巧合，还是冥冥中的注定？这又为这对最强夫妻档的人生平添一丝传奇色彩。

不过，夫妻俩真的不需要靠额外的传奇色彩来显示他俩的成就了，仅仅几把椅子，就足够让设计界为之疯狂。当然，伊姆斯夫妇的设计能行销全球，除了Herman Miller之外，还有一个品牌劳苦功高，那就是瑞士的家具品牌Vitra。

创立于1950年的Vitra并非一开始就自己搞原创设计，创始人威利和埃里卡·费尔鲍姆（Willi & Erika Fehlbaum）非常喜欢Herman Miller的产品，抛去

无数橄榄枝后，终于在1957年获得了Herman Miller的独家授权，成为品牌在欧洲与中东地区的制造、经销商。一方面，伊姆斯的设计靠着Vitra在欧洲传播开来，而另一方面，Vitra也借着伊姆斯夫妇设计的热销产品在欧洲市场迅速崛起。

所以如果你在这两个品牌都看到了伊姆斯设计的椅子，也不要大惊小怪。实际上Vitra还不止拥有Herman Miller的版权，比如它还拥有"日本工业设计之父"柳宗理最著名的Butterfly Stool（蝴蝶凳）在欧洲、美洲与非洲的版权。这把凳子的造

Standard 椅

Standard 椅前后椅腿的区别设计被无数家具设计借鉴学习

型就像是一只振翅飞舞的蝴蝶，也因此得名蝴蝶凳，柳宗理运用了伊姆斯夫妇研发的胶合板压模成型技术，将东方的优雅含蓄融合进西方先进的材料和生产技术，创造出这款具有时代意义的作品。蝴蝶凳在1957年获得了意大利金罗盘奖，让柳宗理成为最早在国际设计界崭露头角的东方设计师。

Vitra还拥有一个很厉害的版权，那就是擅用金属材料的法国建筑师让·普鲁维（Jean Prouvé）的代表作Standard椅，相对于建筑师和设计师，让·普鲁维一直认为自己是个工程师，而这把椅子就将他对机械力学原理的认知展现得淋漓尽致。这把椅子最早是让·普鲁维在1934年为法国南锡大学所设计，他非常具有革新性地赋予了椅子前后腿不一样的造型和尺寸来做支撑结构。用空心钢做的宽宽的后椅腿以精密计算的角度来承载使用者的

大部分重量，细长的前腿则显得非常轻盈时尚，中和了后腿的分量感，让整个设计显得很是特别。

这个经典的结构设计被后世无数的家具设计借鉴，足见其科学性和美观性。连井柏然家也有一把Standard椅，品位真是没得说！

上：维纳·潘顿还有很多其他的经典设计，少女心十足的 Heart Cone Chair 心形椅就是其中之一
左：实际上这把潘顿椅早在 1959 年就已完成设计稿，直到 1967 年，Vitra 和维纳·潘顿找到强化聚酯这个材质，克服了悬臂结构设计的支撑性难题，才将这把椅子量产出来。但直到 1999 年，Vitra 改用了聚丙烯材料来生产这把椅子，才最终实现了维纳·潘顿最原始的设计构想，将这道几近完美的流线表现得酣畅淋漓

当然，Vitra 在设计界有今天超然的地位，怎么能单靠到处找授权呢？它可是有王牌在手的，那就是拥有几乎完美流线造型的 Panton Chair（潘顿椅）。首先，这是 Vitra 第一个独立研发的产品，对于 Vitra 的发展有着里程碑式的意义；第二，这是人类史上第一件一体成型的塑料家具，在整个家具设计史上都有着举足轻重的地位。设计师维纳·潘顿（Verner Panton）也因为这把椅子而名垂青史。工业设计"圣经"《1000 Chairs》中收录了 1000 把著名的椅子，而封面就是潘顿椅，影响力之深远可见一斑。

当然，除了了不起的潘顿椅，Vitra 还有其他撒手锏——一只征服了全世界的黑色小鸟。这只在网络上被仿冒出无数个版本的小鸟名叫 "Eames House bird"——伊姆斯家的鸟。至于为啥叫这个名字，说来有趣得很。这只小鸟其实是他俩旅行时带回的一件纪念品，夫妻俩超喜欢这只小黑鸟，不但摆在家中做装饰，还强势出现在他俩的各种照片里。难得的是这只小鸟丝毫没有年代感，简洁的线条勾勒出它的轮廓，可能正是这样一个简单的造型，才足以历久弥新，放到今天依然毫不过时。伊姆斯夫妇过世后，伊姆斯家族和 Vitra

Uten.Silo墙面收纳系统

伊姆斯家的鸟

合作复刻出这只小鸟，瞬间成为大爆款，这才有了我们今天在各种北欧风、"Ins风"的装修图片中都能看到的小鸟饰品。原本一件普通的美国民间工艺品，经由伊姆斯夫妇传遍了世界，带货能力实在强。

要我说，Vitra真是"网红制造机"，你看上图里面哪件单品不是摆拍"神器"？这里我再推荐一个超有趣的Uten.Silo墙面收纳系统，它就像是一条工装裤一样，在墙上开出了一个个口袋。结合挂板上的挂钩

设计，简直就是乱扔乱放者的救星，不但适合用在工具满满的操作间和办公室，挂在厨房、卫生间也非常便于收纳，哪怕把它搁在台面上也是一个高颜值的装饰品。Uten.Silo收纳系统有两款不同的尺寸，小一点的作为礼物送给小朋友也很不错，养成良好的收纳习惯可要从小抓起。

另外，Vitra在德国还有一个设计博物馆，是很值得"打卡"的地方，有机会和我一起去朝圣吧！

IBRIDE

奇幻的动物世界

实际上，Ibride 动物系列的每一个托盘上都是一个经典人物形象，或来自经典电影、世界名著，或来自历史名人。就比如这个叫做"Zhao"的托盘，上面的兔子形象实际上正是中国古代的女皇武则天，Zhao 就是她的名字"曌"。

前阵子把《志明与春娇》系列电影翻出来回味，看到第二部《春娇与志明》时，突然被电影里余文乐家的大熊书架给吸引了。多年前还没入行家居圈，在电影院看的时候就对这个大熊书架印象深刻，这次再回顾，马上认出了它。

这个书架就是法国品牌Ibride最具代表性的一件作品——Joe北极熊书架。电影里的这一件是彭浩翔导演的私人物件，特地拿出来作道具的。

Joe北极熊书架

Bambi边桌

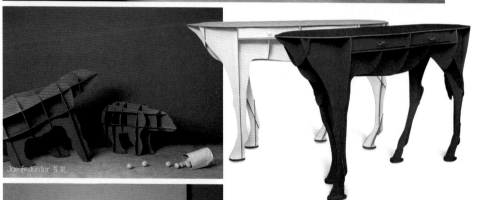

Joe 和 Junior 书架

Elisée骏马条案

Ibride还推出了一款小一号的北
极熊书架，名曰Junior，超可爱

这个书架在2007年的米兰设计周
期间首次亮相就受到瞩目，问及设计初
衷，原来是当年设计师得知北极熊已经
濒临绝种，为了唤醒人们对于北极熊的
保护，才特别设计出这款作品。

我想每一个见过这款北极熊书架的
人都会好奇是什么牌子才能做出这么与

众不同，既奇妙又兼具实用性的家具。实际上，动物元素还真是Ibride的最大特点，如果说一个品牌就是一个王国，那Ibride就是一个充满灵性，又带些神秘感的动物王国。

Joe北极熊书架体量庞大，高1.55米，长度更是超过2米，加上风格奇特，实在是很挑战居家空间和风格。但Elisée骏马条案就好搭多了，尤其适合放在玄关这样应该具有仪式感的地方，不仅大气，隐隐的还有一种进入纳尼亚传奇的魔幻感。

小鹿Bambi边桌则更适合小玄关，三层小抽屉放一些零钱、钥匙、首饰、卡片这样的小物件再方便不过了。作为装饰柜放在走道的尽头，或是放在床头做一个梳妆台都很不错。

前两年Ibride还推出了一款Maturin

小驴多功能写字台，这是一件很有巧思的家具，你可以用它来学习、办公。台面上还设置了很多精妙的收纳空间，文具、文件都可以分门别类归置好，抽屉上还附带了USB接口，方便随时充电。

更有趣的是设计师还设置了3个"隐藏空间"，分别是台面上的抽板和台面下的抽屉，可以收纳一些私密的物件，为我们考虑到了工作中的方方面面。

另外，你还能在这个小驴身上看到一个牵着它的绳子，实际上这是一条电线，连接着写字台上内嵌的照明系统。连台灯也省了，是不是很贴心？

不用它的时候也不必担心桌面太乱，直接拉下"驴背"上的罩子把台面罩起来，写字台就变成了一件完整的艺术装饰品，精致又可爱，还充满了童话色彩，是

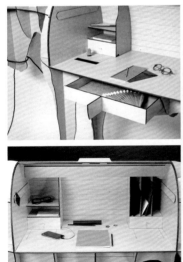

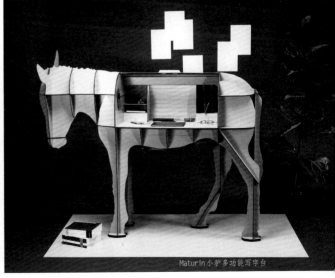

Maturin小驴多功能写字台

以动物为形象的托盘

能体现出Ibride品牌注重实用与美观的代表性产品。

　　Ibride这个名字其实是Hybrid（译为"混血"）在法语中的谐音，创始团队的设计灵感大多源于自然界，他们将品牌命名为Ibride，希望通过大自然与生活功能的"混血"，改变人们对于日常物件的固有观念，赋予它们一种全新的生命。虽然Ibride有别于传统的法式家具设计，却依旧延续着法式生活中的浪漫情怀，给循规蹈矩的日常生活带来了一些颠覆和奇妙生动的活力。

　　为什么灵感全是这些充满童话色彩的动物呢？Ibride团队的成员都生活在法国的一个名叫Fontain的小镇上，绿树、小河环绕，几乎天天可以看到小动物，惬意得

鹰的形象在中国古代是皇权的象征，而皇权一直掌握在男人手中，女人则像是被老鹰捕杀的兔子，是男人的附属品。这张Zhao托盘中，老鹰变成了兔子手中的玩物，象征的正是颠覆男权、登上皇位的武则天。仔细看看，蕾丝般精美的盘沿设计全是骷髅头，连兔子衣服上印的也全是骷髅头，隐喻了至尊无上的皇权背后腥风血雨的杀戮与争战。

Ming 花瓶餐具

很。设计师也并不会去刻意寻找灵感，而是看到了这些动物，就希望能捕捉住它们生活中的瞬间，用家具的形式记录下来。

当然，不仅仅是动物造型的家具，让Ibride引以为傲的还有一系列以动物为形象的托盘。这些充满古典主义色彩的托盘精美得像是一件件挂在美术馆里的艺术画作。也难怪很多人把这些托盘买回家都不舍得用，直接挂上墙作为装饰品。

别以为这些托盘只是空有美丽外表哦，实际上Ibride动物系列的每一个托盘上都是一个经典人物形象，或来自经典电影、世界名著，或来自历史名人。就比如这个叫做"Zhao"的托盘，上面的兔子形象实际上正是中国古代的女皇武则天，Zhao就是她的名字"曌"。

用全然的西方形式来表现中国人物，这种严肃又略带幽默的表现形式非常值得玩味，但Ibride的中国情结还不仅仅体现在这一件作品上。Ibride还有一个十分著名的东方果盘系列餐具，堪称餐具界的变形金刚，灵感来自于我们元明两代最具代表性的花瓶造型，同时又极具现代感。将"花瓶"层层揭开，竟然是6~8个功能、大小不一的深浅盘，每一个上面都细腻入微地刻画了动人画面。在保证实用性的同时，无限放大其装饰意义，是Ibride一直以来的坚持。

在我看来，Ibride是一个艺术性相当高的家居品牌，可以说是收藏得起的艺术品。既然艺术品太贵，那我还是选择Ibride吧！

IXXI

把名画带回家

之后IXXI不仅成了博物馆之友，各路大IP的也跑来凑热闹，米菲兔、变形金刚、星球大战、迪士尼等，发展到现在，IXXI的图片库简直强大如专业图片素材网站了。

荷兰品牌IXXI成立于2010年，说起来这个品牌其实是被逼出来的——当年罗埃尔·韦森（Roel Vaessen）、波琳·贝伦森（Paulien Berendsen）以及埃里克·斯洛特（Eric Sloot）三人在一次项目合作中需要将17000张明信片连成一体来装饰一个展会的展台。他们仰天长叹、抓耳挠腮，最终茅塞顿开，创造出独特的X形与I形连接配件，将

IXXI 的连接配件

马赛克化的《戴珍珠耳环的少女》

马赛克化的《梵高》

这些明信片有序地组合在一起。完美交差后，名为IXXI的品牌就这样应运而生，名字当然正是来自他们研发出来的X、I形连接件。

这是一种有别于其他墙面材料的全新墙面装饰理念——他们将一幅完整的图像分解成一个个尺寸相当的方形小卡片，然后用X形与I形连接配件将这些小卡片拼在一起，还原出一幅完整的作品，和我们玩的拼图的概念有点像，却又是截然不同的表现形式。

这样的装饰理念一经推出，立马吸引了无数人，IXXI就正式开始了品牌的发展之路，将越来越多的美图变成灵活多变的墙面装饰。

IXXI一个重要的发展里程碑就是和荷兰阿姆斯特丹国立博物馆的合作。他们将博物馆里一系列馆藏作品变成了装饰拼图，立马就引爆了收藏热潮。于是，越来越多的博物馆向IXXI抛来了橄榄枝，为他们提供自家的名画素材，包括阿姆斯特丹的梵高美术馆、伦敦的V&A博物馆、马德里的普拉多美术馆等。普通人也消费得起的名画，说的就是IXXI的产品了。

马赛克化的《戴珍珠耳环的少女》和《梵高》都是让IXXI被大众熟知的经典产品。将这样的世界名画通过马赛克的艺术手法再创作，隐隐透着一种幽默感。而马赛克的表现形式非常简约现代，可以更好地融入各种空间，并成为点睛之笔。

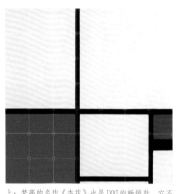

上：梵高的名作《杏花》也是IXXI的畅销款。它不仅仅是世界名画，当你把它铺开就会发现，不管是颜色还是上面的花卉，给人的感觉都像是一面精致的手工壁纸，非常漂亮，很适合铺满一整面墙哦

下：蒙德里安一直是我喜欢的艺术家，他的作品太适合装饰在现代居住空间了！买真迹想都不敢想？没关系，IXXI可以帮你搞定，还能定制尺寸呢

之后IXXI不仅成了博物馆之友，各路大IP也跑来凑热闹，米菲兔、变形金刚、星球大战、迪士尼等，发展到现在，IXXI的图片库简直如专业图片素材网站了，世界名画、几何图案、城市美景、人像摄影、卡通动漫……可以说应有尽有。

让用户欣喜的是，IXXI的所有产品在官网都能在线购买，而且更新换代的速度很快，每隔一阵子就有一轮上新，加上官网还可以直邮中国，IXXI把电商这块也玩得很溜嘛！

最重要的是，不但能买成品或者在官网的灵感库里选择图案，还可以上传自己喜欢的图片，来创造属于自己的专属画面。周年纪念可以把自己和另一半的照片定制出来送给对方；可以给家里的宝宝做一面成长墙；周游列国后把自己亲手拍的各地风光做出来也很棒……总之只要上传图片，剩下的就让IXXI为你完成吧。

和米菲兔的合作

和迪士尼的合作

客户定制图案

客户定制图案

　　IXXI的这些产品不仅很美，一片片小方块看似轻薄，其实它们都是在荷兰制造生产的高品质合成材料，防水防晒，还不易折角和撕裂，非常耐用。

　　所有这些图案都可以选择常规尺寸和满足你居住空间需求的定制尺寸，大到盖满一面墙都没有问题。要知道，一面墙的颜色或者材质一变，家里的整个氛围也是会跟着变化的。比起刷漆和贴壁纸，IXXI的墙面装饰真的是更方便、快捷又高性价比的方式，就算是租房也能放心使用。特别是对于墙面上有些难清理的痕迹，房东又不允许做大改动的时候，直接挂上一幅IXXI的壁画就万事大吉啦，搬家的时候取下来一并带走，可以反复利用。

　　不过，问题也随之而来，是要选择一幅现成的美图，还是打算自己一显身手呢？就看你的啦！

JONATHAN ADLER
一站式购买的大熔炉

据说品牌创始人乔纳森·阿德勒（Jonathan Adler）在纽约是个实打实的大人物，每个人都希望家里拥有那么几件他的设计作品。

我家在装修时，曾对各个家居品牌和设计单品展开地毯式的搜罗，Jonathan Adler 就是我在这个时候发现的。当初看到就有一种被惊艳的感觉，装饰效果极强。比如 Goldfinger 扶手椅，轻盈纤细的金属支架撑起一个奢华的丝绒椅座，厚实的座椅不但非常柔软舒适，钉扣的设计还给它增加了一丝古典气息。这把椅子单看椅座像是从祖辈那儿传下来的古董椅，但骨架纤细锃亮的黄铜质感又格外现代，这几年深受年轻人追捧。两种元素碰撞出的些许戏剧性的魅力正是 Jonathan Adler 让

Goldfinger扶手椅

Jonathan Adler的家具都极具设计感

胶囊装饰品

我欲罢不能的原因。这样一把扶手椅放在床边，或是放在家中的主沙发旁，都是特别能点亮空间的时髦单品。

据说品牌创始人乔纳森·阿德勒在纽约是个实打实的大人物，每个人都希望家里拥有那么几件他的作品。这我一点儿不奇怪，因为他的东西确实有一股混合的魅力，摩登、雅趣、热情、天马行空，既有欧洲设计中的经典元素与趣味性，同时又保留了美式家具中的奢华感，本身就十分匹配纽约这样一个文化大熔炉。可以说Jonathan Adler就像是一个家具的大熔炉

一样让人着迷，非常具有包容性，这可能和他本人曾旅居南美，感受多地文化与风情有着极大的关系。

乔纳森·阿德勒的设计非常具有多样性，下面选几件单品来感受一下。

胶囊装饰品我称其为"今天你吃药了吗"系列，是乔纳森·阿德勒众多单品

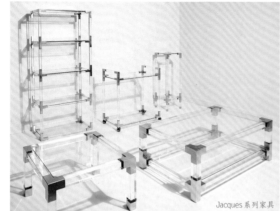

Jacques 系列家具

有时候，一个看似普通的日常物件，仅仅改换某个部位就能立马焕发新面貌。比如这个大理石茶几，原本普通的白色大理石面，配上这个波浪般起伏的黄铜管桌腿，马上变得个性十足，是房间里绝对的视觉焦点

中能体现出他搞怪一面的代表。这些大大小小五颜六色的亚克力胶囊就像是生活的调味剂，打破生活中的沉闷无聊，给我们带来一些活泼有趣的改变。特别是像我这样，家中以黑白为主色调的人来说，来上这样一两颗"药"，对于丰富空间层次有着很大的作用。

Jacques 系列的家具可以说存在感很低，因为它的主体几乎是透明的；但它又可以说存在感很高，恰好还是因为它的透明非常独特——这是一个用透明亚克力与拉丝黄铜组合而成的家具系列。造型谈不上复杂，却真是让人过目难忘。因为大受欢迎，这个系列衍生出了很多不同的家具类型，包括茶几、柜架、推车、条案等，材料也有了烟熏亚克力与镍的组合，视觉效果更强。

1993年，乔纳森·阿德勒在纽约成立个人品牌，发售的第一个系列是陶瓷作品——乔纳森从小学习陶艺，可以说陶艺就是他与世界沟通的一种方式与手段，自己的家具品牌始于陶艺，也是一件自然而然的事。

乔纳森的陶艺作品正是他最被人称道的品牌精髓，很多北京的朋友在颐堤港的野兽派花店里都看到过一个巨大的人脸花瓶，那就是 Jonathan Adler 最为代表性的

Dora Maar 花瓶

I-Scream 花

作品之———Muse花瓶。Muse系列的灵感都来自于艺术家的缪斯们，像我最喜欢的Dora Maar系列，灵感就是来自于法国摄影师、诗人、画家Dora Maar（多拉·玛尔），她最著名的身份还数毕加索的情人和缪斯。

毕加索和多拉·玛尔这对情侣就像是天雷勾地火一般的存在，两个人都是才华横溢的艺术家，也同样有着艺术家的古怪脾性，因此他俩的关系时好时坏。好的时候毕加索笔下的多拉可以透着圣母般的光辉，静谧而柔情；关系紧张时，多拉的样子又可以被扭曲得毫无美感。但无可争议的是，多拉给了毕加索无限的灵感，很多人都认为，如果没有多拉，毕加索可能无法到达后来的艺术高度。

Dora Maar花瓶是Muse系列中最经典的一件单品，除了大小不同的尺寸，还衍生出餐具和香氛，都大受欢迎。

除了脸庞之外，Muse系列中还有一些用嘴唇、胸部等人体部位为元素的器皿，将这些部位以浮雕的形式呈现在未经上釉的瓷器上，有一种超现实的艺术感和装饰性，手感也十分润泽。

另一款花瓶I-Scream我也很喜欢，这款花瓶一来非常适合推荐给喜欢花艺却不善插花的人；二来则很适合像我这样想要摆弄花花草草却没什么时间的人。因为这个花瓶的造型就是一个优美可爱的手托甜筒，根本不需要什么插花技术！只要随便买来几朵鲜花插上，便效果大赞。这也全

Plam Springs 花瓶

靠它本身的造型讨巧，让人随意插上花就立刻拥有了鲜花的娇艳与冰淇淋一般的甜美，可以说是一石二鸟的双重享受，也很适合作为礼物送人。

当然，作为"黑白控"的我，怎么都不会错过Plam Springs系列。这个系列的花瓶，每一个都是在秘鲁的工厂里由技术纯熟的工匠手工制作的，精美的造型和几何感的图案是通过严谨精密的工艺来实现的，既时髦，又透着一丝民族风，这正是Jonathan Adler熔炉般魅力的体现。

如果想让家里变得丰富动人又不想去研究太多品牌，那大熔炉Jonathan Adler就是你一站式购买的不二之选了！

KARIMOKU 60
恰到好处的轻复古

1964年东京奥运会让整个日本社会越发受到西方文化的影响，家具市场也吹起了一股西洋家具的风潮。

一说起日本家具品牌，几乎所有人都会首先想到无印良品（Muji），无印良品的影响之大，已然跳脱出了单纯的家具范畴，变成了一种生活方式和生活哲学。

但要说无印良品风代表了整个日本家具产业，那就有些言重了。其实放眼整个日本家具市场，虽然仍是以原木家具为主流，但依然有着非常多元的体现，比如Karimoku 60的家具，虽然大多也是木质结构，但和无印良品的简约现代感相比，却是另一派复古风情。

Karimoku是个早在1940年便成立的工厂，为什么说是工厂呢，当年他们还没有所谓的品牌概念，只是生产各式木制品和家具出口到国外。直到1960年代，在时代洪流的驱使下，Karimoku完成了它的首次华丽转身！

1964年东京奥运会让整个日本社会越发受到西方文化的影响，家具市场也吹起了一股西洋家具的风潮。Karimoku非常聪明地顺应了时代潮流，看准机遇，开始自主设计家具，经典的K扶手椅作为品牌研发的第一件产品，就在这样的情势下应运而生。

K扶手椅

儿童版K扶手椅

Lobby扶手椅

虽然设计西洋化，但是聪明的Karimoku根据日本住宅的体量和日本人身形以及生活习惯将家具的规格作出了改良。Karimoku一向擅长木工技术，工匠纯熟的手工制作赋予了K扶手椅椅架优美的线条，颇有设计感，也很符合人体工学。而且那个年代的设计已经十分注重环保概念，K扶手椅就是采用生长周期短的橡胶木生产的，色泽温润，结构轻巧、易于运输，经过简单的组装就能完成。

K扶手椅巧妙地将巧克力状的砖形纹和圆扣这两个经典的西洋家具元素用在了坐垫和靠垫部分，成为了Karimoku日后最具代表性的设计元素。而在面料的选择上，相当具有复古味道的绿色绒布也成为最能诠释K扶手椅复古神韵的材料，很快被大众所喜爱。

在K扶手椅获得成功后，Karimoku又趁势推出了Lobby扶手椅。它除了椅腿之外，其余的部分全都用衬垫包裹起来，还加深了椅面的深度，相对于K扶手椅更具有体量感和舒适感。菱形格纹和圆扣的搭配也精妙地诠释出Karimoku的复古味道，让人想到奶奶家的老沙发，很想要窝在里面。

K扶手椅和Lobby扶手椅在20世纪60年代形成了一股风潮。我们都知道，流行这种事就是一个轮回，1960年代的风格到了2002年又开始全面回笼，这还要从设计师长冈贤明说起。

长冈贤明在2002年提出了"永续设

Lobby 三人沙发

计"的理念，希望生产出能够长久使用的好设计。他利用自己专门出售二手生活用品和旧物改造的概念店D&Department Project 发起了D&Department Project 60 VISION 系列，复刻一系列1960年代的好设计，期望借此改变人们过度消费的观念，引发对于可持续性使用的思考，在日本设计界引发了极大的关注。而Karimoku正是参与到这个活动的品牌之一。

后来，Karimoku将这种具有1960年代风格的家具集结成了一个单独的品牌，也就是Karimoku 60。这种简单又带有复古风格的家具既有设计感，又能在他们身上看到一种经过时光雕琢与沉淀的分量感，似乎和很多不同的空间都能完美融合。这也是为啥我们在一些颇有情调的咖啡馆和餐厅都能见到K扶手椅、Lobby扶手椅等家具，特别是绿色绒布的版本，更能将空间装点得精致典雅。

一个新旧物件共同搭配出来的家，会因为这些物件而拉长这个家的时间纵深感，让家更具层次感与人情味。而一个现代风格的居室，若能放上几件Karimoku 60的家具，同样也会因为这些家具的质感让家里的层次更加丰富。

也许所谓的"轻复古"，就是在适合的位置摆上几件Karimoku 60，一切就恰到好处了吧。

Lobby 扶手椅

KARTELL

塑料奢侈品

突破了技术瓶颈的幽灵椅一经投产就行销全球，这种强烈的反差感让人爱得要命，至今已经卖出了数百万把，甚至还成为伊丽莎白女王在伦敦时装周看秀时的坐具。

前两年我买了一个两层的金色小圆柜作为床头柜来用。因为实在很喜欢，后来又买了三层的白色款放在沙发旁当边几。我时不时把它们发到朋友圈，竟然不止一个人说看着像垃圾桶……

我心想，你们真是不懂，这可是Kartell旗下偶像级别的柜子！创立于1949年的Kartell，擅长运用塑料来制作

Componibili储物柜

Masters椅

色彩丰富又充满设计感的家具单品。没错，的确就是塑料家具，不过你可别一听到"塑料"就觉得没品质——塑料也是分等级的，当年研发的塑料家具可不是如今的粗制滥造，第一个吃螃蟹的人和后来者也可能有根本上的区别。

Kartell的创始人Giulio Castelli本是一位出色的化学家，他利用化学上的专长将塑料材料完美地打造成一件件让人惊喜的家具，切切实实改变了人们的家居体验和生活方式，非常具有开创性。

事实证明，用简单的材料也能做出高端的产品。作为塑料家具的鼻祖，Kartell在设计界地位超然，能始终如一地专注于

塑料家具的创造，并以设计和品质不断给人以惊喜，放眼全世界也是找不出第二个。

即便是在我们国内，Kartell的流行度也不容小觑，其中有三把椅子更是超人气的存在，虽说被大量山寨，也算是侧面反映了它的受欢迎程度吧。

我家的第一件家具就是Kartell的Masters椅。这把椅子可能是咖啡馆最爱的座椅之一，被山寨的频次怕是仅次于伊姆斯夫妇设计的椅子。

Masters椅由法国设计大师菲利普·斯塔克（Philippe Starck）联合西班牙设计师尤金·奎特（Eugeni Quitllet）设计。

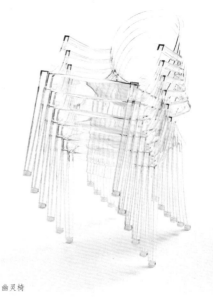

幽灵椅

菲利普·斯塔克

之所以叫做Masters（大师）椅，是因为这把椅子的造型叠加了工业史上三把大师级的座椅，分别是——安恩·雅各布森设计的7号椅；沙里宁（Eero Saarinen）设计的Tulip扶手椅；伊姆斯设计的Eiffel椅，是不是很有趣？我在2017年的米兰

设计周采访了尤金·奎特，当时我恭维他说，你的Masters椅如今变成真正的大师级的椅子了，他倒很耿直地说"那当然"！

不过要说Kartell最著名的一把椅子，我觉得还是Ghost Chair（幽灵椅）！虽然名字起得略瘆人，但其实是因为这把椅子是用透明塑料来制作的，放在屋子里还真有点儿隐形的感觉，所以被叫做这个名字就一点儿也不奇怪。它永远是一副若隐若现、似有似无的状态，不管你把它放在什么风格的房间都能融合，给房间带来不一样的魔力。

这把幽灵椅是菲利普·斯塔克于2002年设计的，原名其实是Louis Ghost椅，

Comback椅

外形致敬了法国路易十五时期巴洛克风格
的经典座椅造型，却出人意料地以透明聚
碳酸酯这种特殊材料来制作，赋予椅子全
新的视觉感官。椅子使用单一模具注入聚
碳酸酯一次成形，从头到脚没有一个接
点。突破了技术瓶颈的幽灵椅一经投产就
行销全球，这种强烈的反差感让人爱得要
命，至今已经卖出了数百万把，甚至还成
为伊丽莎白女王在伦敦时装周看秀时的
坐具。

因为Louis Ghost椅大受欢迎，菲
利普·斯塔克又给Kartell陆续设计
出Victoria Ghost（维多利亚幽灵椅）、
Charles Ghost高脚凳、Francois Ghost镜
子、Uncle Jim扶手椅、Lou Lou Ghost儿
童椅等，衍生出一整个Ghost幽灵家族，
聚碳酸酯材料也从小众走向大众，被广泛
运用。

Bourgie台灯

另一把不得不说的椅子，就是设计
界天后帕奇希娅·奥奇拉于2010年给
Kartell设计的这一款Comback椅，可能是
受到菲利普·斯塔克启发，奥奇拉同样
以古喻今，借鉴了18世纪经典的温莎椅
造型，却以一种更夸张、更具现代感的
造型，并结合原木、金属等不同材料来呈

意大利女建筑师安娜·卡斯特利·费里尔被誉为设计界第一夫人，Componibili（左）是她的产品代表作之一，有着永不过时的高颜值

现，也成为品牌最受欢迎的座椅之一。

其实借鉴古典元素并赋予其新的生命真是Kartell屡试不爽的一招，设计师费鲁齐奥·拉维阿尼（Ferruccio Laviani）设计的Bourgie台灯单看造型充满了巴洛克风格的古典气息，但同样是用聚碳酸酯这样高科技的现代材料来演绎，极具反差美。多面切割的灯罩让灯光折射出晶莹闪耀的光芒，看起来就像是水晶一样剔透、轻盈。

至于我买的两个小圆柜，那就是彻彻底底的现代设计了。它的名字叫做Componibili，由意大利女建筑师，被誉为设计界第一夫人的安娜·卡斯特利·费里尔（Anna Castelli Ferrieri）设计，连谷歌也曾为她的诞辰而更新首页图标，图上就有Componibili小圆柜。

安娜一生作品无数，Componibili小圆柜却是代表作中的代表作，简单圆滑的线条勾勒出这个永远看不腻的经典造型。虽然看上去呆萌有趣，但实际上也是个爷爷级的产品了，它已经问世50年了，连Kartell的现任掌门人克劳迪奥·鲁提（Claudio Luti）都说，Componibili小圆柜就是Kartell家族的传家宝。

Componibili小圆柜的简单耐看和多种颜色的选择让它成为实实在在的百搭单品，不但有从2层到多层储物格的设计，模块化的设计还方便我们将柜子垂直叠加在一起，大量增加了收纳空间不说，还不占地儿，怎能不惹人爱呢。

一直在创新的Kartell从2018年开始又有大刀阔斧的革新，竟推出了一系列木质家具，实在让人吃惊。不过想想倒也合理，Kartell本来就善于不断探索和挑战。有些品牌的使命就是一直给我们带来惊喜，Kartell毫无疑问是其中之一。

KNOLL
"爆款"制造机

别说1000把椅子了，就是只选10把最知名的椅子，Knoll可能也会占个两三把。

巴塞罗那椅

之前讲Cassina的时候提到了《1000 Chairs》这本书，1000把椅子里单是Cassina这一个牌子就占了几十把，简直是"霸榜"。但另一个品牌Knoll也毫不示弱，甚至比Cassina更有冲劲，完全是在"屠榜"。因为Knoll实在是有太多经典设计，索性就开门见山来盘点一下吧！

虽然是参加工作后我才逐渐了解这个品牌，但大学时就无比推崇的Barcelona Chair（巴塞罗那椅）正是来自Knoll。

密斯·凡·德·罗

弗洛伦斯·诺尔和沙里宁

X形悬臂支架是巴塞罗那椅的精髓所在

巴塞罗那椅的设计师是现代主义建筑大师、包豪斯代表人物密斯·凡·德·罗，没学过设计或建筑的人不一定知道大师是谁，但大师有句话"Less is More"（少即是多），绝对是设计史上的第一金句，即使你不是业内人士，也一定听过这句话。这句话不但是现代主义的高度概括，影响了后世的万千设计师，甚至上升到哲学层面，被赋予了非常丰富的内涵，让无数人奉为人生信条。像"断舍离"这种理念，难道不就是"少即是多"的现代演绎吗？

1929年，密斯受邀设计了巴塞罗那世博会的德国馆，因为西班牙国王和王后要来造访，搞得大家都很紧张。要让大师专门给王室设计座椅，原因就是他设计的德国馆太前卫，怎么都找不出可以与之搭配的家具。于是大师两手一挥，创作出了现代工业设计史上的神作——巴塞罗那椅。

现在看巴塞罗那椅，依旧又时髦又优雅，放在当年可是一件相当超前的概念作品，摒弃了一切没有意义的古典装饰元素，相当精彩地诠释了密斯的那句名言。椅背和椅座的钢条向下延伸到椅脚，形成两对优美的X形悬臂支架，是这把椅子的精髓所在。看似轻盈，却能够将椅背和椅座的重量平均分散到椅脚，相当稳固，绝对是力与美的结合。

密斯后来又设计了巴塞罗那沙发，可坐可卧，不管是自己午睡还是朋友留宿都能派上用场，放在家里还特别显气派

Risom 躺椅

Wassily 椅

Knoll 1938年成立于美国，比巴塞罗那椅还要晚好些年，Knoll的老板娘弗洛伦斯·诺尔（Florence Knoll）曾经是密斯的学生，跟他软磨硬泡了很久才拿下巴塞罗那椅的版权。密斯向来高要求严标准，看到Knoll持续不断地推出好设计，工艺和品质都过关，这才放心交给他们来生产。

要知道在Knoll，好设计从来不缺席！公司刚成立不久，就和丹麦设计师简斯·里松（Jens Risom）搭上了线。北欧设计向来重视实用性，而Knoll成立初期也希望能制作出接地气的大众家具。为了降低生产成本，简斯就想到了利用第二次世界大战中的军用残余物资来制作，没想到这一系列作品却成为了Knoll早期最有代表性的产品。其中最有名的就是Risom躺椅，椅身的编织带原本是用来制作伞兵背包的边角料，实在是可持续发展的范本。推出后市场反应奇好，不但设计新颖、坐感舒适，关键还不贵，一下子就打开了销路。

今天再来回顾Knoll，觉得用"爆款制造机"来形容它一点不为过。别说1000把椅子了，就是只选10把最知名的椅子，Knoll可能也会占个两三把。

1925年，匈牙利建筑师马歇·布劳耶（Marcel Breuer）从自行车的管状把手上得到灵感，将坚固却轻巧的镀铬钢管弯曲成椅子的框架，打造出世界上第一把以钢

因为 Wassily 椅大获成功，马歇·布劳耶不久又设计了 Laccio 茶几系列，钢管元素被他运用得炉火纯青，也为后世的大量钢管家具铺平了道路

子宫椅

管制成的椅子——Wassily椅，名字来自于俄罗斯艺术家瓦西里·康定斯基（Wassily Kandinsky），他也是马歇·布劳耶在包豪斯学院的老师。椅子的流线造型削弱了钢管的冰冷感，用帆布绷出椅背、椅座与扶手，让椅子具备了舒适的弹性。柯布西耶的名作LC系列就是受到了这把椅子的启发而创作出来的。

弗洛伦斯·诺尔和设计师沙里宁打小就认识，某天她打趣问沙里宁要一把能够蜷在里面的椅子，正是这一契机，让沙里宁带来了他的名作Womb Chair（子宫椅）。这名字一看似乎有些夸张，但要说一把扶手椅能够让坐在上面的人感觉像是被包裹在子宫中的婴儿一样舒适又有安全感，那这名字就显得非常形象了。

沙里宁还给Knoll带来了一组更著名的设计——Tulip Chair（郁金香椅）和Pedestal Table（柱脚桌）系列。极具风格的独臂支撑源自他对于美国家庭餐桌椅的嫌弃。大家

都知道，美国的许多家庭都是大家庭，一大家子聚在一起吃饭，传统餐桌椅的腿实在太多，视觉上混乱不堪，人就座后既不方便腿脚活动，还容易相互踢到。

郁金香椅仅用中间一根柱子来支撑，让椅子的外观看上去非常简洁，就座后腿脚也有更大的活动空间。椅身被雕琢成流线型的花朵线条，就像是一朵盛开的郁金

郁金香椅

柱脚桌和郁金香椅

钻石椅

同样擅用金属丝来打造家具的还有美国建筑师沃伦·普拉特纳（Warren Platner），他设计的Platner系列包括扶手椅、餐椅、桌子、边几等，主体的放射状钢丝如同光芒一般耀眼，造型感极强，同样犹如雕塑一样让人印象深刻。其华丽的造型不但适用于各种风格的家居环境，同样也是很多餐厅的首选。电影《太空旅客》中的豪华套房里就用了Platner系列的茶几哦

香，仔细看也像是一个红酒杯，温婉迷人。这组餐桌椅的设计不仅仅是考虑到产品本身，更考虑到了产品与空间的关系，是一组意义相当深远的作品。

来自意大利的哈里·贝尔托亚（Harry Bertoia）是那种可以靠一件作品就红一辈子的设计师，因为他的作品实在太具有辨识度了，那就是通过金属焊接工艺制成的Diamond Chair（钻石椅）。虽说是通体网状结构，但完全没有那种粗犷的工业感，弯折

的造型反倒是给人一种简单的优美，就像是一件雕塑作品。话说回来，哈里·贝尔托亚本来就是搞雕塑的，他甚至用了很诗意的、解读雕塑的方式来解读这把椅子：因为这把椅子是镂空的，所以空气也是它的组成部分，就像雕塑一样，空气穿过它，恰好与它融合。哈里·贝尔托亚靠着这把钻石椅的版权赚得盆满钵满后，就又回去搞雕塑了。

也因为这款椅子的金属材料，又要抛光打磨，又要电镀什么的，所以它超级耐用，还不会被磨花，用好多年都还是锃亮如新，性价比非常高。

话说回来，这些传世的佳作哪一件不是性价比超高呢？单看是有点贵，但自己用了还能传给儿孙用，越用越有包浆感！这样一想，是不是就觉得不算贵了呢？

LIGNE ROSET
家有儿女的福音

从一开始只是生产一些伞柄和手杖之类的简单木工产品，到后来生产一些家具配件，就这样摸索了几十年，终于决定以生产软体家具为发展方向。这目标一确定可就不得了了，经典产品一件件横空出世。

2017年，《爸爸去哪儿》第五季热播的时候，我们的"带货小王子"Jasper和他爹陈小春可真是让不少产品大火了一番，其中就有他们家的沙发。之所以让大家一下子就记住了它，除了外型异于传统沙发之外，最重要的是小Jasper在这沙发上爬上爬下的画面打动了一众父母的心，这样通体软绵绵又方便宝宝们攀爬的亲子沙发不正是家里最需要的吗！

小孩子天性活泼，家长们时时都在担心他们磕着碰着、跌倒受伤，因此家里

Ploum沙发

Ploum 沙发

Togo 沙发

总少不了这里包起来，那里裹起来。不怕一万就怕万一，即使不美观，哪有宝宝们的安全重要呢。

但这张名为Ploum的沙发，使用高弹性的整体聚氨酯泡沫来打造，全身饱满圆润，简直就是专为有宝宝的家庭而打造的。而且别说小孩子喜欢，就算大人也难以对他说不——这后倾的靠背设计实在太适合瘫坐在里面了。

坐感舒适不说，Ploum沙发的设计也是相当惊艳。一体化的造型本来给人一种时髦的科技感，被附上这样厚

厚的弹性泡沫后，整个感觉又特别可爱有弹性。这样一个360度无死角的沙发，靠墙放就可惜了，难怪陈小春家把这沙发放客厅中间，可以全方位享受和欣赏它的美。张静初也坐着它上过杂志封面，说它集美貌、设计、舒适、亲子于一身也毫不夸张。

要说Ligne Roset受明星喜爱那一点儿不假，张梓琳的家里就有这把Pumpkin扶手椅，造型就像一个下陷的大南瓜，让人很想蜷在里面。这把扶手椅最初是大设计师皮埃尔·保兰（Pierre Paulin）为时任法国总统的蓬皮杜的私宅设计的，直到最近十年Ligne Roset才将它量产，真是大快人心

面生龙活虎的，自己或坐或卧，或瘫在沙发上，生活实在太美好了。

Togo沙发之所以舒适，关键原因是它用了5种不同密度的泡沫做成。人体不同部位有不同的触感，如果用相同密度的泡沫，身体不同的部位去接触，就会有的觉得硬有的觉得软。所以这张沙发的不同密度也是根据人体的需要来设计，该密的地方密，该疏的地方疏，坐上去才会觉得舒服。

要说Togo沙发像一个蜷起来的厚床垫，Ligne Roset还有一个"大枕头"也非常受欢迎，那就是Calin系列，包括扶手椅、沙发和脚凳等。这个系列最大的特点就是靠背的设计就像是床上竖起来的枕

Ploum沙发是法国家具品牌Ligne Roset的代表产品之一，这可是个创立于1860年的百年老字号了。从一开始只是生产一些伞柄和手杖之类的简单木工产品，到后来生产一些家具配件，就这样摸索了几十年，终于决定以生产软体家具为发展方向。这目标一确定可就不得了了，经典产品一件件横空出世，其中又以1973年的Togo沙发最具代表性。

它也是一款亲子沙发，沙发面偏低的高度让它看上去就像一个向内凹的床垫，但沙发里面没有任何弹簧，通体都是聚氨酯泡棉，不舒服才怪呢！小孩子爬上爬下也不担心摔着，难怪演员梅婷家用的就是它，而且一买就是买全套，看着女儿在上

Calin沙发

Ruché 沙发

Ruché 床

头，靠上去的时候就像是靠在床上一样舒服。比起我们睡睡就塌下去的枕头，这个"大枕头"靠背可是一直蓬松又饱满，真心建议 Ligne Roset 赶紧推出 Calin 系列的床吧，肯定会卖爆！

话说回来，Ligne Roset 倒真有一个床和沙发、扶手椅都大卖的系列——法国设计师印加·桑佩（Inga Sempé）设计的 Ruché 系列。这个系列的产品设计十分鲜明，外露的实木骨架加上舒适的泡沫软垫，看着就像是在木榻上搭了一床厚被子，很

印加·桑佩还给 Ligne Roset 设计过一款特别有趣的花盆——Jardinière: Long Pot，灵感就是来自于浴缸。用它来装花草，是不是更能体现出生活情趣呢

想直接躺下去。怪不得印加·桑佩在推出 Ruché 沙发、扶手椅之后又推出了床，设计上更能体现出包覆感和搭盖的概念。无论从美观度还是舒适度来说，这张床的床头板都近乎完美，床头板的背面这么美，我要是拥有它，也不舍得靠墙放了！

特殊的缝纫面料也是这个系列的一大特点。这个灵感实际上是来自于衣服的褶边，全是手工缝制的，看上去又精致又细腻，时尚感也很强。另外 Ruché 沙发的体积不算大，放在小公寓也特别出彩，更能将空间装点得雅致迷人。

Ligne Roset 还有一组沙发，大小空间全都适合，这就是法国设计师菲利普·尼格罗（Philippe Nigro）设计的 Confluences 沙发，为啥说是一组呢？因为它是一个可拼装组合的模块化沙发，要大要小完全可以根据空间来决定。当它被

Confluences沙发

拆分成一个个小的单人沙发后，更方便围合在一起供人聊天、交流，给人们一个更好的机会来面对面，而不是坐成一排各自对着手机。

这么富有变化的沙发，是不是也应该配一张具有变化的茶几呢？菲利普·尼格罗还真的搞出了这么一张茶几——Cuts茶几，由3到4个不同高度的桌面合成的极富视觉冲击力的一体化茶几，正好适合拆解后的Confluences沙发，每个人都可独占一个台面。而且，连接桌面的凹槽还可以收纳杂志、书本，功能强大，颜值又高。虽然是白色，但高低错落的设计也让这张茶几显得十分丰富。

看到这里，你有没有发现，Ligne Roset的家具全都不适合靠墙放呢？这样360度无死角的家具靠墙放简直是一种浪费。为了不暴殄天物，还是要努力打拼去换大房子，才能放下这些不靠边的家具啊！

设计夫妻档GamFratesi带来的Rewrite写字桌，因为桌面上的大罩子而变得格外有设计感，让使用者拥有一个独立的小天地，隔音又隔光，避免了外界的干扰，这样一个可爱的造型，也很适合放在青少年的房间里

LOUIS POULSEN
光是自然的延续

之所以一生都在追求灯光的柔和，是因为汉宁森觉得一天当中最美好的时刻正是黄昏的时刻，灯具又是在黄昏入夜后才点亮的工具，亮度自然是不应该高于黄昏光线的。

前不久有个朋友拿着一张家居美图来问我里面的落地灯是啥牌子，她说这灯实在太美，想给家里买一个。我一看发现是Louis Poulsen的AJ Floor落地灯，表扬她眼光不俗。这是丹麦建筑大师安恩·雅各布森的作品，史上最具影响力的座椅当中，安恩大师的蚂蚁椅、天鹅椅、7号椅、蛋椅等全部榜上有名。Louis Poulsen以他的名字缩写来命名这款灯，就足以证明他的超然地位了！同系列还有AJ台灯和AJ壁灯，能衍生出这么多

AJ Floor 落地灯

PH2/1 灯

保尔·汉宁森

AJ系列是大师在1958年为哥本哈根皇家酒店专门设计的，当年他为酒店设计的一些产品在今天看来都成为了经典，除了之前说到的蛋椅、天鹅椅，AJ系列的灯具也是其中的代表

分支，受欢迎程度可想而知。

AJ系列通体都是金属材料，灯罩的造型神似一把手电筒打出了一束光，线条简洁、流畅，低调内敛的造型可以和各种风格的空间相搭配。可调转的灯头设计还能很好地聚光，配把扶手椅，就是一块舒适的阅读角！

2010年，Louis Poulsen为了纪念这款灯诞生50周年，特地推出了5款全新的颜色。这一壮举也给一些购物网站提供了现成的素材，现在随便一艘AJ灯具，跳出来的山寨版多到惊人，还多了更多莫名的颜色……不过呢，这款灯还不是Louis Poulsen被山寨得最厉害的一款灯。要说Louis Poulsen被山寨得最多的灯，还数PH系列，这也是Louis Poulsen自1874年成立以来影响力最广的一个系列。某种意义上说，一提到Louis Poulsen，就是提到了PH系列。

PH系列和AJ系列一样，也是来自大师的名

字缩写，这个大师就是现代灯光设计的先驱——保尔·汉宁森（Poul Henningsen）。保尔·汉宁森是个"星二代"，妈妈是当年丹麦最红的女演员之一。他从小就想当一名建筑师，结果在建筑界没有掀起什么波澜的他，到了灯具领域反倒是大展拳脚，几乎就成了Louis Poulsen的最佳代言人。从20世纪20年代展开合作，到1967年他去世，一直

为Louis Poulsen服务，贡献了数款在今天已然成为设计图腾的经典之作！

这里就从他们缘分的起点——PH2/1灯开始说起。PH2/1灯是他1925～1926年间的作品，为了当时巴黎的一个展会而设计。当时的一家报纸形容这盏灯就像是展翅的白鸟飞进了展会大厅，非常形象生动！

据说这盏PH2/1灯的诞生纯属偶然——是汉宁森用厨房里的一个杯子、碗和盘子无意中组合出了这个造型。虽然从造型上说似乎是没毛病，不过事实的真相是，灯要做得好，数理化得学好！如果你以为这个造型只是单纯追求形式上的美感那就大错特错啦，但凡是经典的灯具设计，绝不是仅靠造型就能名垂青史，其中

的科学原理、灯光反射和散射等都是设计师投入了大量的精力研究来的。

之前在讲Artemide灯具的时候就曾着重讲到他们对于技术研发所付出的努力，而汉宁森则是第一位强调科学原理的重要性，推崇人性化照明的设计师，可以说他这一生都在探索科技与美学的完美结合。

PH2/1灯一经问世就获得了空前的成功，人们意识到从这盏灯里反射出来的光竟能如此柔和好看。这三层灯罩其实是汉宁森运用数学中的"对数螺旋"原理精准计算得出的直径比例、弯曲的角度与弧度，每道光线都经过了一次或多次反射，以获得柔和、均匀的照明效果，而每一层灯罩都可以平均地减弱光线亮度，让光线在向下反射的时候变得更加柔和。

PH Artichoke 吊灯

是黄昏的时刻，灯具又是在黄昏入夜后才点亮的工具，亮度自然是不应该高于黄昏光线的。

他在一段影像资料里说到，从前的研发人员都有一个梦想，那就是通过灯光，让黑夜变成白天。这一点他本人是否定的，他说人为的灯光应该是自然光的延续，不用将黑夜变成白天，只需要掌握白天与晚上的节奏而已。

1958年，汉宁森除了将PH系列带上了一个新高度，同一年他还设计出了一款石破天惊的旷世之作——PH Artichoke吊灯。这是他为哥本哈根一家名为Langelinie Pavillonen的餐厅而设计的，如今它依旧是哥本哈根最热门的餐厅之一，而当年的那盏PH Artichoke吊灯也始终挂在餐厅里。Artichoke其实是洋蓟的意思，但因为很多人都不知道洋蓟是啥，于是更愿意把它叫做外形上十分相似的松果灯。

因为PH2/1的成功，汉宁森又陆续为Louis Poulsen带来无数款升级之作。这个系列最终随着PH5灯的推出而达到顶峰，也让PH5灯成为这个系列中最大的明星，一直畅销到现在。

1958年推出的PH5灯在外形上与前作有了很大的不同，这是一款从任何角度都看不到直射光源的灯。这样无眩光的灯，创造出了更舒适的照明氛围。同时，他考虑到人的肉眼对于可见光两端的红色与紫色最不敏感，而在灯具的内侧装上红色与蓝紫色的迷你灯罩，让光照效果更加柔和。

之所以一生都在追求灯光的柔和，是因为汉宁森觉得一天当中最美好的时刻正

PH Artichoke

潘顿希望这盏灯的灯罩和灯座都能有反射的效果，在当年也曾推出过很多款颜色，不过今天Louis Poulsen只保留了白色款，不知道是不是白色最能体现出潘顿当年对于这盏灯的原始设想

这盏灯从外形上看有12层，每层由6片金属薄片环绕而成，一共72片大小不一、定位精准的金属薄片来包裹灯源，每一片都需要工匠手工安装和调试，完全是一盏收藏级别的灯具。这款灯真正完整地诠释了汉宁森360度无眩光的设计理念，灯光通过薄片反射出的柔美光芒让这盏灯看上去就像一个被悬挂在屋顶的艺术装置。无论是造型还是其科学原理，都无疑是汉宁森的巅峰之作，也是灯光设计史上非常重要的一件作品。

虽然汉宁森几乎等于Louis Poulsen的代言人了，但在最后我还想再介绍一款别人设计的灯，它就是大设计师维

纳·潘顿在1971年为Louis Poulsen设计的Panthella落地灯和台灯，如今仍然是Louis Poulsen家族的热卖单品。这盏灯的造型是潘顿非常典型的有机现代主义风格。所谓有机现代主义，简单说来就是摆脱刻板、冰冷的几何形，无论是在生理还是心理上给使用者以舒适的感受，话说回来。这盏灯的造型是不是有点像一根金针菇呢？

好看的造型并不是目的，除了造型，Louis Poulsen再一次让我思考了灯光的意义。就像汉宁森所说的，让灯光成为自然光的延续，何尝不是一种优美又深远的意境呢？

MAGIS
《偶像来了》里的隐藏偶像

小时候的生活环境对于孩子的学习能力和创造性其实有非常大的影响，这也是为何Magis开发儿童家具的另一个原因，很多人都忽略了家具在生活环境中对孩子的重要性。

Magis，和Magic（魔法）一字之差，对我而言这就是一个会魔法的家具品牌。Magis的家具看上去年轻大胆、色彩丰富、充满趣味性。不像传统意大利家具给人的奢华感，Magis一直散发着欢乐的气息和朝气蓬勃的生命力。如果说主人晚上睡着之后家具会活过来，那一定是Magis的家具。

湖南卫视的综艺节目《偶像来了》里有个有趣的桥段，节目组为10个女明星精挑细选了10把设计单椅作为她们的"宝座"，轮到谢娜时却给她安排了一个大

Spun 陀螺椅

人们在Spun陀螺椅上玩得不亦乐乎

陀螺——千真万确是一个陀螺，但也的的确确是一把椅子——这就是Magis的Spun陀螺椅。

Spun陀螺椅采用滚塑成型来制造，极为鲜明的外形一看就不想做一把安静的椅子，而它这种"不正经"恰恰是最有趣的地方。就像Spun（旋转）这个名字一样，是一个可以360度旋转的大陀螺，人坐上去根本就没办法正襟危坐，而是会情不自禁地以身体在空中画圆圈的方式大幅度旋转起来！

记得我第一次坐陀螺椅还是在上海的一家酒店，酒店的大堂里就放着几把陀螺椅，见到实物超兴奋的我，立马上去体验一番。第一次坐上去心里还有点儿没谱，因为只要人一向后仰，陀螺椅就会开始转动，我很怕向后的时候把握不好力度，整个就人仰马翻了。不过，好的设计即刻就体现出来了，不管我转快转慢，力度是大是小，两点支撑的陀螺椅还是稳稳当当。于是我就更加放开了，那种感觉天旋地转，好像要被抛出去，实际上又异常平稳的刺激感真的太过瘾了！

互动性如此之高的一件家具最适合与人分享，这一点Magis自然再清楚不过，当初它被生产出来的时候就曾经直接搬到户外当作公共艺术品来陈列展出，现场的大人小孩全都玩得不亦乐乎，就像一件全民玩具。

说到玩具，那真是Magis的拿手菜，因为它从2004年开始生产出一系列儿童家具，在原本的产品体系外建立起一条全新

Happy Bird小鸟椅

的产品线。这条名为"Me too"的儿童家具产品线就是代表儿童们向世界要求："大人的东西，我们也想要！"

而开发这条产品线的契机，正是因为Magis的创始人尤金尼奥·佩拉扎（Eugenio Perazza）想为小孙女买张绘画的桌子，无奈寻遍市面上的所有品牌都找不出一件老爷子满意的，这也让他惊觉市面上太缺少为儿童而设计的家具了。于是他决定自己来填补这块空缺，推出专门针对2~6岁儿童的家具产品，真是有实力的"任性"。

到了如今，Magis的儿童家具已经成为辨识度超高的产品，很多设计甚至大有赶超"成人家具"，成为品牌代表作的势头，比如芬兰设计大师艾洛·阿尼奥（Eero Aarnio）设计的Puppy小狗椅就是其中之一。

这只小狗登上各大设计生活杂志的数量之多完全不输给蕾哈娜登上的时尚大刊，是Me too系列里的明星，各种颜色的小狗造型圆滑可爱，不但可以当坐具，摆在家里就是一个特别的装饰品，大人小孩都喜欢。

关于儿童家具，很多人都觉得把大人用的家具等比缩小，或者看上去可可爱爱就行了，然而这就太简单了。小朋友对环境的感知比成年人更加敏锐，他们所接触到的每一件事物都是一种学习。小时候的生活环境对于孩子的学习能力和创造性其实有非常大的影响，这也是为何Magis开发儿童家具的另一个原因，很多人都忽略了家具在生活环境中对孩子的重要性。

在小朋友的成长过程中，小动物往往扮演着非常重要的角色，回顾过往，我们都对小时候的动物玩伴有着极其深刻的印

Little Big 椅

Pingy 企鹅不倒翁

象。Magis也因此而创作出很多以动物为元素的儿童家具，就拿艾洛·阿尼奥来说，除了Puppy小狗椅，他还为Magis设计了Pingy企鹅不倒翁、Happy Bird小鸟椅等著名的产品。小鸟椅的身体由两颗"卤蛋"组成，格外呆萌可爱，功用上和小狗椅差不多，可以当成椅子，也可以作为摆件放在家里。

除了动物家具，艾洛·阿尼奥还设计过一块非常有趣的地垫——Flying Carpet（飞毯），设计灵感也很明显了，是不是非常适合想飞起来的小公主们呢？流动的曲线设计不但有着迎风飞扬的视觉效果，还考虑到人体工学，让小朋友在上面午睡也是个不错的选择。

艾洛·阿尼奥另一件作品Trioli椅子也相当人性化，椅子看上去像一棵树桩，将小朋友包裹其中，自有一番私密的小天地。把它正过来或反过去分别是一低一高

飞毯

Trioli椅

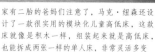
Rocky 木马

家有二胎的爸妈们注意了，马克·纽森还设计了一款很实用的模块化儿童高低床，这款床就像是积木一样，组装起来就是高低床，也能拆成两张一样的单人床，非常灵活多变

Trotter 推车椅

两种椅面高度，小不点儿可以坐矮一些的那面，长高了翻过来还能继续用。更有趣的是，椅背下面还有个小尾巴，这其实是一个扶手，把椅子放倒就是一个可以前后摇动的木马！

说到可调节高度，那就不能不说 Little Big 系列。这是设计工作室 Big-Game 与 Magis 的首次合作，这个系列的学习椅和书桌都可以根据孩子的身高来调节高度，从 2 岁到 6 岁都能使用，我想这应该就是创始人佩拉扎当年最想要的吧！

设计过苹果 Watch 智能手表的马克·纽森也为 Magis 带来了 Rocky 木马这样又酷又萌的作品。造型现代简洁，但灵感却是源自于中世纪身披铠甲的战马。我们小时候坐的木马都是那种把小马固定在两块弯曲

的木条上摇啊摇，而 Rocky 木马的活动原理则类似维多利亚时代的木摇马，通过前后平移的方式来摆动，实在是古老灵魂的又一次新生。缰绳的细节设计更是让它有了一丝"放纵不羁爱自由"的狂野感，绝对适合送给酷酷的小男孩和小女孩！

Magis 在儿童家具这一领域的创造力简直不输给任何充满奇思妙想的小朋友。设计师罗吉尔·马丁斯（Rogier Martens）带来的 Trotter 推车椅是一款结合了手推车和座椅的产品，可以教育小朋友从小养

成把使用过的东西物归原处的好习惯。看看这个滚轮，是不是有点像在玩旧时的儿童游戏滚铁环呢？

虽然我从 Spun 陀螺椅一下子就讲到了 Magis 的儿童家具线，其实 Magis 的主线家具也是相当厉害的。成立于 1976 年的 Magis 延续了 20 世纪 60、70 年代兴起的塑料家具风潮，以其多变的造型和鲜艳的色彩，创造出一系列突破传统家具形式的作品，以活泼、前卫的品牌形象为人熟知。

比起传统的木制家具，Magis 的塑料家具在色彩选择上的确有着更大的发挥空间，也更容易融合到多姿多彩的现代家居生活中去。虽然品牌通过前卫的设计将塑料家具提升到了高端家具的领域，但 Magis 依旧不愿止步于此，而是大胆尝试各种材料与工艺。2000 年之前，塑料一直是 Magis 的核心技术，直到 2003 年，Magis 携手德国设计师康士坦丁·葛切奇（Konstantin Grcic）一举推出了潜心研发了数年的重量级作品——Chair One 椅，这是 Magis 第一次尝试用压铸铝来做家具，堪称技术上的重大突破。

Chair One 椅

康士坦丁·葛切奇的另一件作品 Sam Son 造型就像是一个卡通人物，给人一种软萌软萌的感觉，非常逗趣。椅面的材料在制作中还加入了特殊的弹性聚合物，让人坐在上面的感觉更舒服

铸造好的 Chair One 椅还要经过镀膜和 PE 粉末涂装，以达到抗燃、抗紫外线和耐水的保护效果，让室内室外都能用。功夫不负有心人，这款椅子一推出就热销不止，现在已经成为 Magis 最大卖的产品之一，葛切奇也因此爆红。大家现在再去看看《偶像来了》第一期里，就摆了一整排 Chair One 椅。

此外，官方还发售了几款衍生品，除了最早的四腿版，Chair One 椅之后还陆续推出了混凝土基座款、可旋转款、公共座椅款，甚至还推出了吧椅款，已然变成一个大家族。

葛切奇还为 Magis 设计了另一个庞大的家族——Traffic 系列，从沙发到扶手

Officina扶手椅

葛切奇设计的The Wild Bunch书架我也很喜欢，像是一架梯子倚靠在墙上，显得随意又自然

椅、躺椅、边桌一应俱全。这个系列最大的特点是来回穿梭如交通一般的钢架，虽是作为支撑结构，但纤细的钢管自有一番美感，少了一丝粗犷的工业感，多了一分曼妙，像是在主体下跳舞一样，轻盈浪漫，远远看去让人恍惚觉得柔软的椅座像是漂浮在半空中一样。

和Traffic系列形式有些类似的，是罗南和埃尔文·布鲁克兄弟设计的Officina系列。同样是纤细的支撑结构，这一次他们让手工锻铁这种传承了数百年的古老工艺与现代工业相结合，以一种全新的、现代的方式来演绎，是Magis在工艺和材料领域的又一次突破。

将两根铁杆相连的点加热并按压，使他们结合、缠绕在一起，这个精确的按压点，就是这个系列最显著的设计语言。锻铁的表面会有一些粗糙的手工敲打痕迹，这是它"不完美"的特质，而正是这样细微的缺陷才使其流露出明显的工业感与独特性。我最喜欢这个系列中的沙发，粗粝的锻铁支架结合精致柔软的坐垫，让沙发的设计显得更有张力和冲突美，让我觉得它不仅仅是一张沙发，而是一种超越了时

Folly长椅

Raviolo椅

Voido摇椅

Magis还买下了意大利设计大师亚历山德罗·门迪尼（Alessandro Mendini）经典之作Proust椅的版权，将典型的巴洛克风格座椅以塑料的形式来演绎，非常戏谑。现代与古典，又以这样的形式相遇了

空的对话，深刻又高雅。

我很喜欢的设计师罗恩·阿拉德（Ron Arad）也为Magis带来了不少有意思的作品。他非常擅长结构美学，将家具打造成现代前卫的雕塑作品就是他最大的特色。他设计出来的家具总是充满了动感，好像每一件作品都能放在公园里一样，这一点从他为Magis设计的每一件作品都能体现出来。

比如Voido摇摇椅，从侧面看是一个心形结构，镂空的部分让浑厚的椅身显得轻盈了许多，乍看之下还有点像外星人的脸呢。

同样是他设计的Raviolo扶手椅，也出现在了《偶像来了》中哦！利用塑料的特性弯曲出椅子的各个部分，简约流畅的线条给人非常强烈的视觉冲击，圆弧椅背的设计又很符合人体工学。

Folly大长椅气势惊人，起伏的流线造型像是一根被拧的麻花，非常有特点。偌大的身躯不管是放在豪宅大厅还是自家后院（如果有的话）都很合适。而且，正因为像是被拧过的造型，前后两面都能坐人，也十分适合放在公共空间，坐八九个人不在话下。

Magis的家具在我看来就是打通了成年人家具和儿童家具之间的屏障，不管是哪个年龄段的人，只要有着一颗年轻的心，都能从Magis的家具中发现触动自己的地方。

MAISON DADA
达达主义的现代演绎

"破旧立新"是我们中华民族的传统思想，而达达主义者的思想就是——旧是要破的，新的立不立，管他呢！

年轻的创业者如今非常之多，但大学一毕业立马远赴异国他乡去寻找创业机会的却并不多见。出生于法国巴黎的年轻人唐启龙（Thomas Dariel）就是其中之一，2006年，24岁的他只身来到上海，开始一步步建立起自己的王国。

来上海打拼不是一时的头脑发热，他早在2000年就随同家人前往上海旅行，当时的少年唐启龙被上海这座东西方文化融合的城市深深吸引，特别是这座城市的活力与热情，让他十分着迷。他暗暗立下目标，以后一定要再来这里。

唐启龙

唐启龙的空间与产品设计

唐启龙出生于设计世家，曾祖父是家具设计师，父亲是建筑师，从小耳濡目染，他的骨子里也藏着一个设计之魂，因此在大学选择了工业设计与室内设计作为主修方向。

2005年，借着中法文化年的东风，法国政府选出一批年轻设计师来中国进行项目合作，唐启龙也幸运地成为其中一员。终于再次来到心心念念的上海，他发现这里短短几年间就发生了翻天覆地的变化。彼时欧洲的发展停滞不前，唐启龙感觉机会就在眼前，于是在项目结束后，他选择继续留在上海创业。

2006年他成立了自己的设计事务所Dariel Studio，开始了"沪漂"生活。工作室一开始是艰难的，加上自己是个外国人，创业并不容易。不过也正因为他特殊的法国背景，加上对中国文化的着迷，在设计中能够把两种不同的文化融会贯通，也因此被越来越多的客户认可，工作室也逐步发展壮大。

中法文化的巨大差异给了他无限灵感，中法风格的混搭元素在他的作品中随处可见。他擅长将一些古老元素用现代设计手法赋予时尚的气息，但丰富的色彩才是唐启龙设计语言中最重要的组成部分。别人都是想方设法用一堆高级灰的用色来彰显高级，他却把空间当成调色盘，就像"啪"一下打翻颜料盘，让整个空间变得五彩斑斓。

其实将一系列高饱和度的颜色组合在一起却不让人心生烦躁是一个很大的挑战。但是唐启龙不但做到了，还完成得非常活泼俏皮，加上多种设计元素的运用，他的每一件作品都显得非常丰富。

他说自己在设计的时候像一个小孩，色彩对于他来说，更像是一件玩具，而他在其中是玩儿得尽兴又出色。这就很好理解了，小孩的世界哪有黑白灰呢？也只有像他那样保持一颗顽童之心，才能将这么多丰富的颜色调和统一在一个空间内，各自精彩的同时又井然有序。

十年磨一剑，唐启龙的个人设计风格和独到的审美体系已经十分成熟，是时候让事业更进一步了——成立个人家居品牌势在必行！于是在2015年，他和伙伴一同创立了家具品牌Maison Dada，开启了一段全新的旅程。

Maison Dada 得名自达达主义。达达主义形成于第一次世界大战期间，在此之前，西方艺术的发展可谓顺风顺水，各种象征现代文明的流派相继登场。可惜战争毁了一切，一时间生灵涂炭。在战争面前，往日的艺术都显得不堪一击，里面所倡导的那些美好、优雅全都灰飞烟灭。于是，一个反艺术、反传统、反权威的团体逐渐登上历史的舞台，这就是达达主义。"破旧立新"是我们中华民族的传统思想，而达达主义者的思想就是——旧是要破的，新的立不立，管他呢！

当然，对于现实来说，达达主义的意义在于它彻底地无视一切价值，因此打破了人们的固有思维，带来了思想解放。唐启龙也希望将达达主义的潇洒不羁融入到生活之中。他认为达达主义是当代设计、当代艺术和当代思考方式的基础，他不喜欢沉闷无聊、中规中矩的家具，希望自己

唐启龙对于色彩的感知极为敏锐

This Is Not A Self Portrait

Titking Clock 摇钟

Lazy Susan 茶几

做出的家具能拥有自己的灵魂,自由、与众不同。

和他的室内风格一样,Maison Dada的家具同样给人一种怪诞不经、活泼大胆的感觉,随便选件单品放在家里就能给家注入很多活力。

This Is Not A Self Portrait(直译为:这不是一件自雕像)这件作品听名字就很戏谑。初看以为是欧洲古典主义雕塑,定睛一看不对啊,咋用染色的绷带给缠起来了呢?用色还是明晃晃的波普风格用色。你看,这不就是达达主义打破传统和沉闷,只要开心就好的精神传承吗!

Lazy Susan茶几是唐启龙在中国圆桌的启发下设计出来的。他很喜欢中国人在家庭聚餐时,用一张圆桌来拉近彼此间的距离,与西餐中那种冷冰冰的分餐制完全不同。Lazy Susan茶几的桌面分为两层,位于底层的台面与桌脚固定,上层圆台面则可以自由旋转。两层台面均被赋予不同的图案、颜色和肌理。当台面旋转,整个桌子所呈现的图案一直处于变化之中,像是一件会运动的家具,充满生机。

"圆"是唐启龙设计时常用的符号,因为它代表着完美与圆满。他打趣说自己总是忍不住用圆来表达设计意图。同样用圆形元素来表现的还有Ticking Clock摇

Little Eliah 台灯

Little Eliah 吊灯

Maison Dada地毯的设计灵感大多来自于他走过的城市，其中，日式抽象地毯系列受达达主义女艺术家苏菲·陶特－阿普的启发

椅。将时钟与椅子两个截然不同的概念相结合，但仔细想想，一张老摇椅、一个滴答作响的座钟，完全就是儿时记忆中，与外婆在午后小憩、消磨时光的美好回忆呀！Ticking Clock摇椅将经典的摇椅形状进行变形、改良，充满了戏剧张力。这样天马行空的表现力真的非常达达主义！

对唐启龙来说，Little Eliah这盏灯有着很特殊的意思。他以自己儿子的名字"Eliah"来命名这盏灯，作为送给儿子的礼物。它的结构看似一盏台灯，但唐启龙异想天开地设计为悬挂的形式，给人一种台灯飞起来了的错觉，幽默又有趣。我们不仅可以把它挂在家中的任何位置，底座上面还能放置一些零碎小物，是不是很贴心？

对我自己而言，Maison Dada 的地毯太对我的胃口！可以说他设计的十块地毯有八块我都想收入囊中！Maison Dada 地毯的设计灵感大多来自于唐启龙走过的城市。其中，Japanese Abstractions（日式抽象地毯）系列受达达主义女艺术家苏菲·陶特-阿普（Sophie Taeuber-Arp）的启发，以苏菲擅长的几何图形创作为灵感。每一款地毯在唐启龙的巧思下，以不同的抽象图形与传统日式图案交织，简约与抽象碰撞，让东西方文化巧妙地交融。

Shanghai by Night（夜幕上海地毯）系列则更加抽象：不规则的几何图形和明快的线条展示了简洁中性的风格，而淡雅的粉色和优雅圆形则是柔美而带有诗意的点缀。这个地毯系列是对这座独特城市的写意描绘，为这个自身充满强烈对比的城市做了一个美好的注解，新与旧交融出和谐之美。

还有抽象到我无法形容的 Autumn in New York（纽约秋日）系列中这幅黑白几何色块的地毯——这到底和纽约的秋天有啥联系？我虽然有点看不懂，不过没关系，因为它击中了我对于黑白几何图像的爱，就是喜欢得不得了！

烛台也是 Maison Dada 一众单

夜幕上海地毯

纽约秋日地毯

Paris-Memphis烛台

Les Immobiles烛台

品中极为抢眼的存在，Paris-Memphis烛台系列的灵感来自于1981年的孟菲斯运动，同时也是向主要发起人埃托·索特萨斯（Ettore Sottsass）致敬。不受拘束的结构、自由大胆的线条感让整个系列诙谐而充满生机。

Les Immobiles系列就更怪诞、抽象，但同时又十分精致。这个系列利用有力的线条、镜面反射的元素以及晃动的微妙平衡感，勾勒出令人惊艳的巧妙结构，意在向罗德钦科（Rodchenko）、亚历山大·考尔德（Alexander Calder）和让·丁格利

（Jean Tinguely）这些挑战物体动态、重力和视觉感的伟大艺术家致敬。

这两个系列的烛台装饰感都超强，放在家里哪怕不点蜡烛也很像是抽象艺术家带来的艺术作品。

达达主义自然是极端的，但Maison Dada似乎找到了达达主义与平淡生活之间的一个折中点，没有做得格外张狂，却用独特的设计让我们的生活充满活力和乐趣，这样有意思的新品牌，希望下一个十年还会更好！

MOOOI
在怪力乱神的路上一去不返

毕竟我们太缺少这样个性又有趣的设计品牌，而 Moooi 恰好可以作为这一领域的领军人，让更多的设计师和设计品牌看到，实用主义固然重要，但有趣的灵魂同样有理！

早前在豆瓣网上看电影《我不是药神》的影评，面对一边倒的讽刺瑞士制药公司定价过高，而成本不过几块钱之类的言论，有一个人的观点让我记忆犹新。他说，虽然现在一颗药的成本看上去很低，但你们没有看过，在这颗药被成功制作出来之前，制药公司投入了多么巨大的人力和物力来研发。

这个观点让我想到，其实在设计界也存在一种类似的问题——你翻来覆去地看一把椅子、一张桌子，它又不是镶金镀银的，怎么就卖这么贵？

有些东西的价值仅凭外表就体现得淋漓尽致，比如一颗鸽子蛋；但有些东西，抛开它的外表，还拥有很多的隐形价值和文化溢价是我们没法儿一眼看穿的。

比如在网络上泛滥成灾的小鸟枝头灯，材料无非就是钢、铝和聚丙烯，原版售价好几万，实在不可理喻。花几百块就能买个相似的回来，样子好像也没差很多嘛！

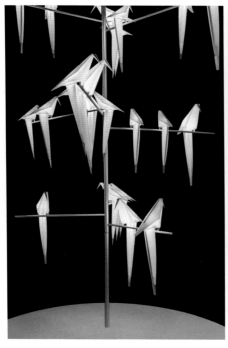

Perch light 系列

实际上，一件设计品的诞生，背后是设计师对于造型的反复雕琢，对于材料的潜心研究以及对于制作工艺的不断改进。你所看到的只是它作为一个成品的价格，忽略的却是它诞生之前，设计师、匠人、品牌所倾注的无数个日夜。

在它被生产出来之前，试问又有谁会想到用一个类似千纸鹤的造型来诠释一盏灯呢？英国设计师乌穆特·亚马克（Umut Yamac）是多么浪漫的一个人，才能创作出这样一件唯美的作品——轻轻触碰停在金属枝丫上的小鸟，它还会自由摆动，显得非常惬意。枝丫特意做成不笔直的效果，凸显出自然的感觉，足见对于细节上的精益求精。

这只叫做 Perch light 的小鸟一问世就获得了如潮的好评。到现在，它已经发展成一个 Perch light 的大家庭，吊灯、台灯、落地灯应有尽有，吊灯的款式也从单一的枝丫演变成一整根树枝，美得让人心颤。

这盏打破了传统造型的灯来自荷兰品牌 Moooi。荷兰有一个大设计师马塞尔·万德斯，除了业务能力强，还是个人高马大的帅哥，说他是荷兰设计界的门面也毫不夸张，Moooi 就是他和伙伴卡斯珀·维瑟斯（Casper Vissers）一手创办的。

Mooi 在荷兰语中的意思是"美丽"，品牌在这个单词的基础上再加一个 o，寓意比美更美丽，一听就是野心勃勃。实际

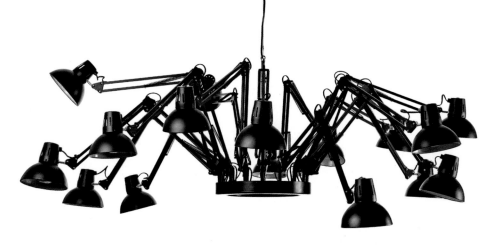

上Moooi确实雄心壮志，在成立初期接受了意大利家具大牌B&B Italia等公司的注资，加速了前进的步伐。但为了能让品牌拥有更多元的设计与创新，以及更持久的事业生命力，在稳步发展了数年后，Moooi最终向这几家公司买回部分股权，重新变回了公司的主导者，让团队有了更广阔的自由度去大胆设计。

回过头来看Moooi的设计，"打破传统""不按套路出牌"几乎是他们每一件单品的标签。除了被严重山寨的Perch light系列，Moooi有好多产品都因为无与伦比的设计而被大量山寨，比如以色列设计师罗恩·吉拉德（Ron Gilad）设计的Dear Ingo吊灯。

Dear Ingo 吊灯

想想看我们小时候用的那种黑色金属台灯，是不是早就入不了法眼了？但罗恩·吉拉德以这样普通的悬臂式台灯为灵感，将台灯拆解重组，变成了一个气场惊人的大型吊灯！就像是一个悬吊在屋顶中央的外星生物，让人过目不忘。不但装饰效果极强，每一盏灯都可以根据照明需求自由调整角度，非常实用。不管是大客厅、办公空间，还是别的商业空间，都能成为妥妥的主角！

瑞典女子设计组合Front为Moooi设计的一系列产品称得上网红鼻祖——马灯、兔子灯和小猪边桌等，全部都是红得发紫的作品，也是Moooi早期最具代表性、最破格的产品之一。这些动物家具的尺寸

骏马灯

比起难以驾驭的骏马灯，
兔子灯就显得平易近人
得多，对空间也不挑剔，
放在家里不但有设计感，
还能体现出Front这个女
子设计组合特有的细腻
与童真感，不管是大人
还是小孩都适合

全部都是按照一比一的尺寸来设计
的，对于空间有着不小的挑战，比
如这里面销量最高的骏马灯，没有
一个开阔空间还真是驾驭不了。陆
毅就买了一个放在自家的大客厅
里，就像是家里牵进了一匹黑色骏
马，超帅！

虽然Moooi不是一个专做灯具
的品牌，但说来奇怪，他家的灯还
真是出一款红一款。网络上另一
款仿品无数的枝叶灯，同样出自
Moooi。

这个叫做Heracleum的灯系列
如今同样是一整个家族，有单头的

Heracleum Small Big O吊灯

Heracleum II 吊灯

Heracleum Endless 吊灯

Raimond 吊灯

枝叶款，看上去就是一朵盛开的花儿，这是整个系列中的第一款产品。单头的也有大小两款，其中大的这款最为经典，白色的叶片看着像我很喜欢的圆形尤加利叶。后来推出的圆环款，像是一项可以戴在头上的花环，这也是整个系列中最贵的一款。同时家族里还有一长条状的，像是布置餐桌的一整条桌花，这款叫做Heracleum Endless的吊灯两头都可以和相同款组装起来，达到一个无限延伸的状态。

看到这些不拘一格的作品，想必你也能体会出Moooi骨子里那种反传统的精神了吧！这些作品看上去千差万别，但却始终遵循着Moooi这种不按常理出牌的精神。

诞生于2007年的Raimond灯是已故设计师雷蒙德·普斯（Raimond Puts）生前的代表作，他从小喜欢研究技术，同时又对金属材料十分着迷。设计出这样一盏惊艳的灯具就好像是命中注定一般。球形的金属框架上点缀着一颗颗细小的LED灯管，开灯的瞬间，灯光折射在每一根金属网格上，就像是天空中绽放的金色烟火一样绚烂！

设计师马汀·巴斯（Maarten Baas）给Moooi带来的Smoke系列又是对家具的另一

Smoke 吊灯

Smoke 餐厅扶手椅

Smoke 餐椅

种颠覆。翻译过来叫做烟熏系列，但我觉得叫它炭烧系列更合适。这个系列所出的灯和坐具晃眼一看都是普通的欧式古典造型，但通体的黑色让家具显得有些森然之气。近距离一看更是吓一跳，这家具简直像从火灾现场抢救出来的一样，少胳膊少腿不说，样子也被烧成了黑炭状。实际上，这些家具还真是精心"烧制"出来的，把木头表面烧成焦炭的样子，再上漆面固形，可以说每一件都是孤品！这样一个酷到家的暗黑系作品，还是非常能够挑动你的神经的。

同属于暗黑系风格的还有 Bold 烛台系列。通过激光切割实现的完美造型看上去非常轻薄，实际上是一个很有分量感的物体。特别是 Big Bold 这款落地烛台，体型庞大，两端对称的设计看上去特别有仪式感，放在家中就像是一座镇宅神器，威风凛凛。

暗黑系作品一箩筐，温暖系作品也不少。比如我特别喜欢这款 Eden Queen 地毯，是创始人万德斯的设计。繁花似锦的图案就像是截取了某张经典的欧洲古典油画，颜色也是这两年大家推崇的低饱和度用色，显得华丽又高级。话说回来，Moooi 的地毯也是一绝，单说图案设计就叫人咋舌——媲美爱马仕丝巾一样的华丽纹理、绚烂如万花筒一般的三维图案、璀璨的宝石、中国青花瓷、花鸟鱼虫，甚至是破败的街景都能成为 Moooi 地毯的取材对象，只有我们想不到，没有 Moooi 做不出来的。

Big Bold落地烛台

Crystal Fire地毯

Celestial地毯

Eden Queen地毯

　　也许有人会觉得Moooi走远了，我反倒是希望Moooi在怪力乱神的这条路上走得越远越好。毕竟我们太缺少这样个性又有趣的设计品牌，而Moooi恰好可以作为这一领域的领军人，让更多的设计师和设计品牌看到，实用主义固然重要，但有趣的灵魂同样有理！

MOROSO
家具界的美人谁能拒绝

工作狂迈克尔·杰克逊对于每一个拍摄细节都严格把关，其中也包括了在镜头中反复出现的Big Easy沙发，而这个设计感极强、带有未来主义色彩的沙发正是来自于Moroso。

Moroso来自意大利，国外媒体称它为"家具界的美人"，一方面是Moroso多以柔软舒适的软体家具作为其品牌主打产品，另一方面是因为在一众走"高级就是黑白灰"的意大利高端家具品牌中，Moroso一直以来所运用的明快、轻盈色系就让它像一个爷们儿堆里的小女子，想不被注意到都难。

还有一点也很重要，这个家具界美人出生自1952年，虽然60多年过去了，但它始终在艺术、设计层面上保持着无可取代的实验性与前瞻性。回看Moroso以往的

Big Easy沙发

No Waste 桌子

Big Easy 沙发

一些作品，不论是颜色或者设计形式，竟都能和当年最新一季的时装品牌有着相似的概念，说它把设计与艺术、时尚相结合，也算得上实至名归。

我第一次知道 Moroso 这个品牌，也和时尚撇不开关系。已故流行乐天王迈克尔·杰克逊和妹妹珍妮·杰克逊在1995年推出了一首大热单曲——《Scream》，当年为这首歌拍摄MV的花费创下了历史新高，直到今天这支MV依然牢牢占据着史上最贵MV的冠军宝座。

这支MV情节很简单，讲的是杰克逊兄妹俩在一艘宇宙飞船中嬉闹、跳舞，但场景搭建与后期特效制作在今天看来依旧是好莱坞大片的水准。工作狂迈克尔·杰克逊对于每一个拍摄细节都严格把关，其中也包括了在镜头中反复出现的Big Easy沙发，而这个设计感极强、带有未来主义色彩的沙发正是来自于Moroso。

它的设计师，就是大名鼎鼎的以色列建筑师罗恩·阿拉德。这款看上去无比前卫的沙发是1991年的作品，如今也是

Moroso最经典的产品之一。

阿拉德还为Moroso设计了一款十分有特点的桌子No Waste桌子。这款桌子之所以叫做"不浪费桌"，因为它的所有部件均通过一块完整的钢板切割而成，先切出一张桌面，再将切下的部分做成桌腿。概念很棒，还很绿色环保。可别以为这些都是随便切割哦，既要构造这样优美的弧线造型，又得保证桌面的功能性与桌腿的稳固合理，切割的角度可要通过相当精密的计算呢！

Moroso多年来和无数知名设计师保持着密切合作，包括马塞尔·万德斯、佐藤大、多希和莱维恩（Doshi & Levien）、洛斯·拉古路夫（Ross Lovegrove）等，但要说谁最具代表性，我首推西班牙设计女神帕奇希娅·奥奇拉，在我看来，Moroso和帕奇希娅·奥奇拉是相互成就的典范。

时间回到1998年，彼时奥奇拉虽然已经小有成就，但真正的发迹还要从这一年开始讲起。而让奥奇拉走上神坛的人，正是当时上任不久、意气风发的Moroso第二代继承人兼创意总监——帕奇希娅·莫罗索（Patrizia Moroso），她钦点奥奇拉为Moroso设计产品绝对是个大胆之举。但她的眼光确实老辣，未来的事情我们都知道了，奥奇拉为Moroso带来了一件又一件经典之作，不但让这些单品畅销全球，自己也同样风生水起、蜚声国际。

有趣的是两人的名字也格外相似，若按照中文译名都是"帕奇希娅"。两位帕姐绝对是惺惺相惜，一同走过20载风风雨雨，即使奥奇拉之后成了另一个品牌Cassina的创意总监，但依然可以破例为Moroso设计同类型的家具。这是什么意思呢？就比如你贵为漫威漫画公司的当红明星，却依然可以主演DC漫画公司的戏，足见奥奇拉与Moroso的情谊。

回顾过往20年，奥奇拉也不禁感慨，Moroso是自己职业生涯的第一个重要客户，而帕奇希娅·莫罗索更是她事业的引路人，两人的姐妹情无论如何都不会改变。

为了纪念合作20周年，Moroso在2018年推出了由奥奇拉设计的全新

左：奥奇拉；右：莫罗索

154

Chamfer系列沙发，Chamfer这个词指的是建筑中倾斜的边，也正是这款沙发造型的来源。

　　沙发靠背45度圆润的倒角是其最大的特点，这样的设计手法在沙发中十分少见。模块化的设计可以按照自己的喜好将沙发组合成不同造型，1.5米的最大进深完全就是一张床了，躺在上面感觉人就融化了。

　　但奥奇拉为Moroso设计的众多经典单品中，我最爱的还属在2011年推出的Gentry沙发。其实，Moroso家族有无数造型标新立异的沙发，让人一看就喜欢，而造型简洁的Gentry沙发真算不上第一眼美人。但就是这种简约现代又稍带中性气息

Chamfer沙发

Redondo 沙发

霍思燕家里还有一把奥奇拉设计的 Antibodi 躺椅，这是一件非常浪漫、唯美的作品，运用特殊的面料剪裁营造出一种椅面上开满鲜花的绝美效果，让人不得不爱

Redondo 扶手椅

的感觉却越看越经典，能够融入任何风格的室内设计，也难怪 Gentry 会变成 Moroso 最畅销的沙发。就连美女明星霍思燕也是这款沙发的粉丝。有兴趣的朋友可以去看看综艺节目《爸爸去哪儿》或者《妈妈是超人》，Gentry 沙发的出镜率可高啦！

值得一提的是，Gentry 沙发所用的面料也非常具有开创性，被誉为家居界的首款 3D 面料。精致的立体车缝线漂亮又优雅，起伏的触感让整个沙发显得更加柔软细腻，坐在上面比躺在床上还舒服。

说来这里又有一个小故事，面料供应商 Febrik 是个以生产 3D 面料为特色，历史不过 10 余年的年轻品牌。当年主营床

设计师托德·布欧尔（Tord Boontje）为Moroso打造的Shadowy户外椅以常用于渔网编织的紫色塑线。通过把渔民的手工编织而成，十条费工，编织出的纹理丰富、细腻，让整体更加华丽而不夸张，让人过目不忘。

垫生意，却一度入不敷出，幸好Moroso慧眼识珠，大胆选用他家用于床垫的3D面料来匹配Gentry沙发，让Febrik一下就兴盛起来，还成功转型做起了面料。直到现在，这款面料在世界范围内依然只独家供应给Moroso，想来也是一个知恩图报的感人故事呢！

奥奇拉的另一名作Redondo沙发自问世以来便畅销全球。Redondo其实是洛杉矶南湾的一片海滩，这里不但有以生猛海鲜闻名的Redondo码头，更有让人沉醉的海滩美景。奥奇拉当年来到此地度假，对这里二十世纪五六十年代的古董车座椅一见钟情——这种座椅全身没有一个锐利的棱角，圆润的曲线和浑厚、柔软的触感给

人带来超舒适的体验，对于时常需要长途通勤，穿梭美国海岸线的当地人来说无疑是充满人性化的绝佳设计。这些车内座椅给奥奇拉带来无限灵感，于是便有了Redondo的诞生。

沙发表面是用长针缝制的、有夹层的格纹丝绒面料，使里面的软质填充物固定。由于曲线的收放、压缩与舒缓的穿插，让本身有些厚重的形体变得曼妙生姿，散发着一番古典美。

别具一格的面料配上活泼大胆的用色，成就了Moroso的"美人"之名，如果你也是一个"好色之徒"，那Moroso就一定会让你怦然心动的！

NORMANN COPENHAGEN
一半"佛系"一半"魔系"

设计师尼古拉·威格·汉森（Nicholai Wiig Hansen）将圆形、三角形和矩形等元素融合到一起，做出了这个犹如雕塑一般的Geo保温瓶。360度无死角，说的就是它。

我家是一个两层的小LOFT，每层大约30平方米。因为空间小，几乎没有建什么墙体，除了卫生间全是开放式空间。于是我在装修房子的时候决定将沙发放在客厅中间，给不大的空间做一点区隔和划分。但沙发不靠墙又总觉得少了点儿什么，于是在沙发后面加上一排柜子作为"靠山"，让沙发不会显得那么孤零零。一长条的柜子还能用来作为展示及收纳，有了它甚至连沙发小边几都可以省了。

和很多人不同的是，我不是一个喜欢原木质感的人，在我的家中几乎很少看

我家的Kabino边框

Kabino 边柜

到原木质感的家具。即使有木头的，也是被漆到看不出木纹的那种。这也是我对Normann Copenhagen的Kabino边柜一见钟情的原因——白色的柜体看着简单大方，尺寸还很合适我的沙发，不选它还选谁。

　　因为Kabino柜子是平板包装，需要自行拼装，虽然颇费了一番功夫，不过这样倒也更能发现柜子在设计上的细节。看上去是一个白色的柜子，实际上却有3种不同质感的体现——密度板柜体被漆成白色；同样是白色的柜门和抽屉都是铝制的，其中一扇还做了密密匝匝的镂空处理，让视觉呈现更显丰富；但最为神来一笔的就是包裹在柜体前面的一圈木质边框，不但让柜子在视觉上更显层次，而且这个边框还是两扇柜门的滑轨。有趣的是，这两扇门一扇固定在滑轨内，另一扇则固定在滑轨外，将边框包裹起来。使用时即使同时打开，柜门也会一内一外，完

在品牌创立之初，Normann Copenhagen借着设计师西蒙·克拉哥夫（Simon Karkov）设计的Norm 69吊灯一炮打响，这盏灯由69个箔片组装而成，不需任何工具和粘胶，徒手就可以组装拼接好，是一件实实在在的"手工作品"。虽然看上去现代感十足，其实这盏灯早在1969年就完成了设计，直到2002年，一个机缘让Normann Copenhagen结识了设计师西蒙·克拉哥夫，才有机会让这盏灯生产出来

Block Table 小推车

这是一款功能十分多元的小推车，而且简单的设计和配色赋予了它极其强大的搭配灵活度：不管是把它作为沙发旁的边几、餐厅的备餐台或者迷你吧、厨房的调味罐架，阳台的花架还是床头柜，Block Table推车都可以轻松胜任。因为实在太受欢迎，Block Table推车还推出了圆形款，这下选择就更多啦！

除了Block Table推车，Tablo Table小圆桌也是一个爆款产品。纯色的桌面和原木桌腿的设计非常百搭，大小两种规格也恰好满足了用来作为茶几或边几的需求。而且不管是桌面还是桌腿的细节处理，都非常圆润，让人倍感亲切。

全不会打架。简单一个柜子包含了这么多设计想法，难怪是Normann Copenhagen的代表作。

Normann Copenhagen 1999年成立于哥本哈根，虽然才刚刚走过20年，但已经是最能代表丹麦的设计品牌之一了。据说当初品牌原本叫做Normann Design（直译为诺曼设计），因为老是被误解为是一个有着诺曼人血统的品牌，于是创始人大笔一挥把品牌名字改成了Normann Copenhagen（把"设计"改为了"哥本哈根"）来强调自己的北欧属性。

用纯色结合原木色的产品是Normann Copenhagen的一大特点。除了Kabino柜子，最著名的产品应该属Block Table小推车了，这可是公认的网红产品，从它在网络上被山寨的数量就看得出来。

不过你可别以为Normann Copenhagen都是走这种"佛系"路线，除了设计简洁干练之外，Normann Copenhagen还有一大特点正是它的大胆用色，尤其表现在一些家居小物件上。

Tablo Table 小圆桌

Bau Lamp 吊灯

Geo 保温瓶

这里不可不说的就是 Geo 系列的保温瓶，这也是个超级网红呢！设计师尼古拉·威格·汉森将圆形、三角形和矩形等元素融合到一起，做出了这个犹如雕塑一般的产品。360 度无死角，说的就是它。矮胖型的圆柱瓶身让人看着还有一丝可爱，再加上丰富多彩的配色，让这款保温瓶几乎可以匹配所有的家居风格，怪不得如此受欢迎。另外这款保温瓶的保温功能也十分强大。开水倒进去放 12 个小时，再喝依然烫嘴呢！

还有一件同样考验你动手能力的作品——Bau Lamp 吊灯，通过圆形薄片的不断叠加，组合成一个颇具规模的吊灯。建筑感十足的造型让它有着过目不忘的效果，像一艘悬浮在半空中的飞船，丰富的颜色又让它产生一种星星点点、光斑一样的闪烁效果，又好看又有趣，很适合放在儿童房。买回来还能和小朋友一起组装，就像拼插儿童积木一样，从小锻炼动手能力，是不是很有意义？

还有一款 Hello 落地灯同样用了纯色搭配原木，这盏灯最特别的是它那超大超酷的灯罩。到底有多大呢，可能就和我们去发廊烫头发把整个头部罩起来的那个罩子一样大吧！这样一盏灯放在家里，一定是视觉焦点呢！

关于 Normann Copenhagen 在用色上最著名的例子
就是他们为哥本哈根机场二号航站楼设计的一个
休息室，运用了大量丰富明亮的色彩，让旅客们
能按照喜好、心情来选择色彩坐下，整个休息厅
好像一道彩虹，缤纷却不刺眼，让人一看到就有
好心情。下回去哥本哈根可要记得体验一番哦！

Watch Me 挂钟

Normann Copenhagen 的两款挂钟——
Bold 和 Watch Me 也非常缤纷，虽然现代人
大多用不上钟，但这样有趣又色彩活泼的
钟挂在墙上也不失为一件很棒的装饰品。

一半"佛系"一半"魔系"，哪一面
的 Normann Copenhagen 更打动你呢？

POLTRONA FRAU
这个皮沙发会成精

形式上趋于简约平实，名字却偏叫"名利场"（Vanity Fair），不知道是不是因此才让这把扶手椅在好莱坞大受欢迎，在众多电影如《末代皇帝》《保镖》中都有它的身影。

如果一个朋友让我给他推荐且只能推荐皮沙发，那我十有八九会向他推荐Poltrona Frau。

一般来说，一件皮沙发的加工工序差不多是十来道。而Poltrona Frau不但要挑选出质地最柔软且韧度高的第一层表皮作为原材料不说，还要经过20余道严格的工序，来增强皮子的柔软性、耐磨性和舒适性。

除了皮革本身近乎严苛的讲究之外，上百种色彩选择也是Poltrona Frau的骄傲之处，甚至还研发出品牌特有的材质——

Pelle Frau。就拿白色举例，就有米白、红白、蓝白、黄白等非常细致的色阶，只为了精准匹配室内的装修氛围。所有的皮料都采用浸染手法让整块牛皮浸透色料，还能维持牛皮表面的自然纹理。Poltrona Frau对于皮料处理的要求简直严格得令人发指。

不过，这样的严格也让Poltrona Frau的品质赢得了全世界的好评。这些好评有的就来自于亲密无间的合作方，比如法拉利、宾利、玛莎拉蒂的汽车内饰和座椅都找Poltrona Frau来生产，法拉利更是联合

Chester沙发

Coskpit办公椅

Poltrona Frau推出了Coskpit办公椅系列，其品质自然是毋庸置疑。林俊杰就是这款办公椅的粉丝，因为经常久坐创作音乐，对于坐具的要求自然高，据说他从下订单到收货，足足等了一年才等到一把椅子！当然，等来的是一张背面刻有他名字的定制签名款，可以说是独一无二了！

其实Poltrona Frau自己就是拥有百年历史的家具豪门，完全不用靠别的什么牌子来蹭热度。1912年诞生于意大利都灵的Poltrona Frau早在20世纪20年代就开始为意大利皇族定制家具，像纽约的古根海姆博物馆、洛杉矶的迪士尼音乐厅、盖蒂中心等都以拥有Poltrona Frau的定制家具为荣。

Poltrona在意大利语里是扶手椅的意思，创始人伦佐·弗劳（Renzo Frau）在品牌诞生的这年就带来了划时代的Chester沙发。灵感来自于英国爱德华时期的乡村俱乐部，Chester沙发用纯手工打造，造型复古隽永，每一个细节都相当迷人。它重新演绎出这种以钉扣缝制的菱形皮革纹理，成为品牌历史上最著名的作品之一，一红就是100年。

Chester沙发被认为是现代钉扣沙发的鼻祖，沙发靠背上的钉扣和两旁扶手精致的扇形褶皱都是传承自18世纪的手工技艺。每颗钉扣都深陷靠背之中，将沙发表面的皮革绷成华丽的菱形图案。在制作过程中，钉扣以传统的活结预先拉紧，再用麻线缝住椅背。工匠就像是钢琴调音师一样，一条条地拉麻线，足以想象是以多么坚固的力道来固定拉绳。

扶手部分的皮革打褶也相当复杂，工匠的手像是有记忆般地一个个处理打褶的位置，使其紧密持久，又极具装饰效果。

Poltrona Frau后来还推出了升级版的Chester One沙发，调整了沙发的比例，进一步增加沙发的深度和宽度，使其更符合现代人的生活方式。哪怕将沙发放在时下最现代的居室里也毫不违和，还能成为空间里的绝对视觉焦点，气场超强。

Chester沙发

1919 扶手椅

　　Poltrona Frau在1919年还带来了另一款与Chester沙发同样华丽的扶手椅，名字就叫1919！灵感源自于17世纪洛可可风格的1919扶手椅给人感觉雍容华贵，椅背和扶手同样延续了经典的菱格纹钉扣和扇形打褶，椅背两侧的小耳朵给人以舒适、安全的包覆感。特别的是，扶手的一边搭配了一个黄铜支架的实木托盘，方便放杯子，又实用又贵气，到今天依旧是彰显品位的好选择。

　　亲自引领了复古风潮的Poltrona Frau并不陶醉于既往的成就，而是选择自己推倒重来，于1930年带来了化繁为简的Vanity Fair扶手椅。摈弃了一切繁复、浮华的设计元素，圆润、简练的造型又一次引领潮流。说来也有趣，形式上趋于简约平实，名字却偏叫"名利场"（Vanity Fair），不知道是不是因此才让这把扶手椅在好莱坞大受欢迎，在众多电影如《末代皇帝》《保镖》中都有它的身影。

　　在这些现代风格的设计中，法国设计师吉恩·马利·马索为其打造的Archibald扶手椅显得尤为惹眼，马索将皮革处理成自然漂亮的褶皱，别具一格，又优雅大气。

Vanity Fair 扶手椅

Archibald 扶手椅

超人气时尚设计师王大仁也曾与 Poltrona Frau 合作，推出了限量版的懒人沙发和迷你酒柜，可以说是时尚设计与极致工艺的完美结合。

虽然法拉利和玛莎拉蒂的超级跑车不是人人都买得起，但咬咬牙买一张 Poltrona Frau 的沙发或者扶手椅还是可以的，坐感可不比在豪车里差。而且凭着 Poltrona Frau 的极致工艺带来的超舒适体验，用个几十年没问题，如此一想，这投资挺值当！

PLEASE WAIT TO BE SEATED
你家里的下一个经典

只有那些造型出众、传承了经典的设计美学，工艺和品质都是上乘，并且功能完善、实用性强的产品，才能成为即使是在餐厅等位这样的无聊时刻也会注意到的好设计。

两年前我偶然在一本设计杂志上翻到一盏非常漂亮的壁灯，造型就是一条黑色铁杆串联起几个大小不一的圆形色块。虽然风格简约，但颜色可不简单，金属质感加上饱满的色彩，时尚感很强，让我想到蒙德里安的作品，简洁有力。

我本能地看了一眼这个壁灯的品牌——Please wait to be seated——这真的是个品牌名字吗？也太随性和任性了吧！

但，这盏灯真的非常打动我，看似简单，但细节丰富，让人越看越喜欢。于

Planet Lamp 壁灯

是我搜到品牌的官网，发现这是一个丹麦的品牌。彼时我家正在装修，加上不久之后就要去瑞典出差，既然都是北欧，兴许在瑞典有开的店面呢？那我正好可以亲自背回国！于是我立马给官网上的邮箱发了一封咨询邮件，告诉他们我接下来的瑞典之行，并询问这个牌子在瑞典是否有店铺。

想不到没过多久就收到了对方的回复，我欣喜若狂地点开邮件，哪知道一腔热血被瞬间浇灭-——他们在瑞典一家店铺都没有。无奈，只能断了这个念想。

不知不觉一年多过去了，某天我突然收到了那个品牌的回复邮件，说他们现在在中国开店了，并给我列上品牌在中国的门店信息。我实在很意外，他们竟然还记得一年前的咨询。而更意外的是，我发现这封邮件的落款，竟然就是品牌的CEO彼得·马勒·瑟伦森（Peter Mahler Sørensen）！虽然这是个2014年才成立的年轻品牌，但CEO亲自回信答疑解惑这样的事儿，还是非常令人感动的。

这下我对 Please wait to be seated 更是欣赏了，开始强力推荐给我身边每一个朋友——当然也包括正在看这句话的你。

我们去国外旅行的时候，经常会在餐厅门口看到这样一句话——Please wait to be seated（请等候入座）。外国人的就

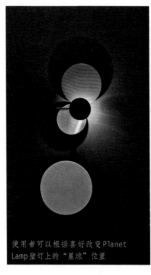

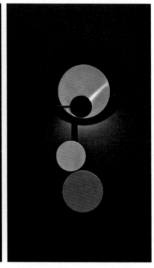

使用者可以根据喜好改变Planet
Lamp壁灯上的"星球"位置

餐习惯和我们不同，言下之意，哪怕是餐厅里有空位，也还是希望你在门口稍等一会儿，让专人给你领位。

至于为什么要把品牌命名为Please wait to be seated，创始人托马斯·易卜生（Thomas Ibsen）表示他们是希望品牌的每一件产品都是"值得等待的好设计"。至于什么是值得等的好设计？按照托马斯·易卜生的理解就是那些造型出众、传承了经典的设计美学，工艺和品质都是上乘，并且功能完善、实用性强的产品，只有达到以上所有标准，才能成为即使是在餐厅等位这种无聊时刻也会注意到的好设计。

说起来是有些绕，不如来眼见为实得好！我最早喜欢的那盏壁灯，名字叫做Planet Lamp（星球壁灯）。金属黑线上盘踞着4个大大小小的圆盘，分别代表了不同的星球，黑色那个最小，是光源，其余三个中最大的是电镀黄铜，其次是钢板彩色喷漆，再小一点的那个是铝制的。看似简单的设计，细节却是如此丰富！

而且，除了光源不能动，其余三个圆盘都是通过磁力吸附在黑色铁杆上，可以根据自己的喜好随意调换位置。这种设计师完成一半，留给用户完成一半的设计我非常喜欢，设计师通过产品和使用者互动，是设计理念与生活方式的一种相互影响和熏陶。

正因为可以随意调节，开灯后的光影效果也会随之变化，家中的氛围自然也跟着不同，真让家里有种常换常新的感觉，不管挂在哪面墙上都蓬荜生辉。

说到互动性，Please wait to be seated还有另一杰作——Blooper台灯。

这盏灯造型上透着强烈的北欧设计风格，简洁、圆润可爱。中间有颜色的小圆盘作为这盏灯的点睛之笔，不仅让设计更显丰富，同时也是这盏灯的开关。

设计师梅特·谢尔德（Mette Schelde）巧妙地将LED灯源藏在小圆盘的后面，当它亮起时，灯光投射到灯罩内部凹陷的地方，再从这里反射出来，给人带来一种柔和、舒适的照明环境，避免了肉眼直接看到灯光而感到不适的情况。在使用的时候，沿着小圆盘边缘转动它，就能开关和调节灯光明暗，是不是非常有趣？

因为这盏Blooper台灯小巧又有设计感，加上做工细腻，哪怕不开灯的时候，也是一件很精致的装饰品。放在书桌、边几或者床头都很合适，只要轻轻转动小圆盘，家里的氛围立马变得温馨有情调。另外值得一提的是，小圆盘还可以单独出售，因为它也是通过磁体吸附在灯罩上的，看腻了就能换一种颜色，是不是更时髦更贴心了呢？

The Keystone扶手椅也是一个我很想推荐的好物，看上去就像是一个组合起来的大积木，可爱极了。其实它的原型本来是个重达450公斤的雕塑，创始人托马斯·易卜生在一个艺术展上看到它之后，立马有了将艺术品生活化的想法，于是赶紧联系这件作品的荷兰设计师组合OS & OOS，希望能把它变成一个沙发。为此，

Blooper台灯

The Keystone 扶手椅

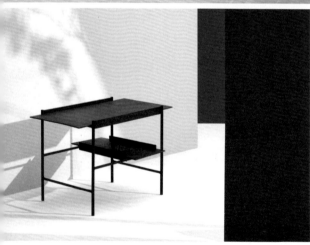

KANSO边桌的设计简洁大气，纤细的金属
支架和轻薄的黑色烟熏木桌面显得质感
特别棒，百搭的风格不管放在客厅、卧
室、书房还是餐厅都很出彩。双层的桌
面其实都是可以活动的托盘，三两个朋
友来家里做客时，顺手把托盘拿下来放
下午茶也不错，又显得十分精致讲究

他还专门选用了面料大亨Kvadrat家
的Raf Simons系列作为这款沙发的面
料，要知道，该系列可是以迪奥前创
意总监的名字命名的！

审美这件事可是要从小培养的，
所以The Keystone扶手椅也非常适
合买给家里的宝宝们！除了造型活泼
可爱，颜色醒目鲜明，最适合宝宝的
地方就是椅面很低，完全满足了小朋
友喜欢爬上爬下的习惯。而且托马
斯·易卜生早就想到了这一点，还专
门给这个沙发做了个吊牌，上面写着
"Please Wait to be Seated But. Take

Off Your Shoes First, Kids"（言下之意是先让小家伙脱了鞋子再往上爬）。

我发现这个品牌的很多产品的部件都是可以更换或者活动的。这样交互性高的设计不但能调动使用者对于设计的兴趣，还能让产品本身一直保持新鲜感和趣味性，直到成为你家中的又一个经典设计，真的是很高明。

虽然Please Wait to be Seated是个非常年轻的品牌，但毫不掩饰自己的宏图大志，不然又怎么会在创立没几年就大力开发中国市场呢？其实这一切也要归功于回我邮件的帅哥CEO彼得，在设计和家具行业有着丰富品牌经验的他给品牌带来了强大的助力，让Please Wait to be Seated一步步进入全球的视野。

有了无可挑剔的好设计，再加上好的推广，希望这个年轻的牌子稳稳走下去。好设计，我们等得起！

由一个个小方盒子构成的Wall Box壁挂储物架，不规则的切割形状给了它很强的造型感。固定在墙上后，光线通过盒子的缺口照进来，形成好看的光影效果，而且盒子本身还能够旋转，转个角度就能看到不同的光影效果，很有意思。盒子的背板也是通过磁铁吸附，可以更换不同的颜色。总之就是一款相当富于变化的小东西

SELETTI
无趣生活的终结者

包括太阳、月球、木星、火星、天王星、海王星在内的11个太阳系内的星球都可以飞上你的餐桌，让餐桌美如星辰宇宙，叫人一眼沦陷。

如果说这世界上有什么品牌特别难被定义，那一定是Seletti。这是我很喜欢的一个意大利设计品牌，激进、大胆、活泼、创意、反套路、不守规矩……好像这些词都是在说Seletti，却依旧很难将其定义。而它的发展轨迹也很特别，由意大利人罗曼诺·塞莱蒂（Romano Seletti）创立于1964年，从事的买卖就是从国外进口一些小商品到意大利去售卖，这个"国外"主要说的就是我们中国。

Seletti与中国的渊源早在20世纪70年代就开始了，罗曼诺当年造访中国，带

Hybrid系列餐具

Hybrid系列餐具

回一大堆中国的陶瓷制品，还有一些具有东方风情的物件。而品牌的第二代传人兼创意总监斯特凡诺·塞莱蒂（Stefano Seletti）也在少年时期就随着老爸一起远渡重洋游历了中国的大好河山。

到了2008年，斯特凡诺正式接手公司，对品牌做出了大刀阔斧的改革。原本的进口贸易公司摇身一变，成为了一家专注家居与生活方式、融合了时尚与艺术的设计潮牌！至今不过十余年，改变之大、发展之迅猛简直让人咋舌。

虽然Seletti这个品牌你不一定听过，但它的Hybrid中西合璧餐具，相信很多人看了一眼就再也不会忘记。这是Seletti打响名气的第一炮，也是迄今为止Seletti最成功的系列之一。通过中西合璧的独特设计概念，将餐具一分为二，并将富有中国文化色彩与西方文化色彩的图案平均分布在餐具上，赋予了餐具强烈的视觉冲击力。东西方文化的交融通过一个简单的器皿就表现得淋漓尽致，精美得像一件陈列在博物馆里的珍品。

这个系列的成功奠定了Seletti发展壮大的基础，让日后和诸多设计师、艺术

猴子灯

家的合作变得水到渠成。其实 Hybrid 系列的成功也绝非偶然。因为直到如今，斯特凡诺对于少年时前往中国旅行的回忆依旧记忆犹新，能在事业发展之初拿出这样的代表作，足见中国文化在他心里打下的烙印。

Seletti 的脑洞和奇思妙想吸引了越来越多 "臭味相投" 的设计师和艺术家，短短数年就与设计师 Marcantonio、艺术家莫瑞吉奥·卡特兰（Maurizio Cattelan）还有设计师组合 Studio Job 合作出无数令人眼花缭乱的作品。

现在的 Seletti 包括了 4 大分支，除了有包含 Hybrid 中西合璧系列的主线产品外，还有 Diesel Living with Seletti、Seletti wears Toiletpaper、Studio Job&Seletti 等 3 条产品线，每一条都有着十分独特的设计语言与视觉表现力。

主线产品里除了最早成名的 Hybrid 系列，最具代表性的就是意大利设计师 Marcantonio 创作的猴子灯。Seletti 最先推出了白色款猴子灯，用雕塑的手法将猴子站立、蹲坐与攀爬的瞬间定格下来。猴子形象惟妙惟肖、动感十足，细看之下面部及身体毛发线条都清晰可见，无疑是装点空间的好帮手，放在家中让家里的氛围一下子就活跃起来了。这款猴子灯一推出就大卖特卖，设计师 Marcantonio 也跟着走红。

Cosmic Diner 系列

之后Seletti趁热打铁推出黑色款，还加入了更多造型。适逢2016年中国猴年，Seletti还专门推出了金色限量版，一上市就被疯抢。我也好不容易抢到一盏，现在就放在我的床头，日夜陪伴。

和Diesel Living联合打造的产品线Diesel living with Seletti同样贡献出不少大爆的单品，最出名的就是Cosmic Diner星空系列。

这个系列想象力十足，包括太阳、月球、木星、火星、天王星、海王星在内的11个太阳系内的星球都可以飞上你的餐桌，让餐桌美如星辰宇宙，叫人一眼沦陷。怪不得明星李诞用星球盘来装烤串，

而它们也曾出现在刘烨主演的电视剧《老男孩》里。

最牛的是这个系列还获得了《Wallpaper》杂志举办的Design Awards 年度设计大奖，口碑销量双丰收，真是盘子界的大赢家。

要是不舍得用它们来装吃的，挂在墙上也很美，尤其是配上深色墙面，浩瀚星河就在家中！

另一个重头产品线就是Seletti wears Toiletpaper。《Toiletpaper》杂志由意大利著名艺术家莫瑞吉奥·卡特兰创立，整本杂志无文字无广告，只有眼花缭乱的怪

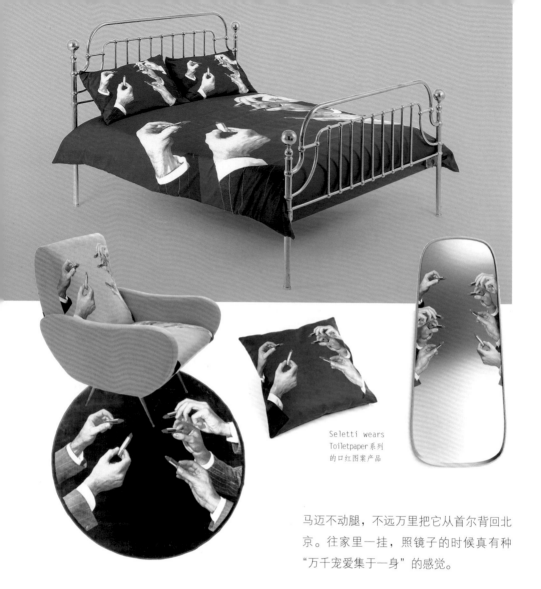

Seletti wears
Toiletpaper系列
的口红图案产品

马迈不动腿，不远万里把它从首尔背回北京。往家里一挂，照镜子的时候真有种"万千宠爱集于一身"的感觉。

诞图像。这本杂志任性地把时尚与艺术完美地结合在一起，风格强烈而疯狂。激烈的个性与Seletti一拍即合，联手推出这条产品线，将杂志上天马行空的图像印在日常的家居用品上，让这些物品如获新生，散发出前卫又狂野的魅力。

这个系列中，口红的图案是我的最爱。当初我在首尔知名买手店10 croso como店内看到印着这个图案的镜子，立

后来又入手了这个图案的靠包和床品，开始了我的"集邮"生涯。这个图案其实还有一把丝绒面料的扶手椅，也非常好看，是我的下一个目标。

近年来Seletti又积极展开与设计师组合Studio Job的合作，派生出Studio Job& Seletti这条产品线，创作出香蕉灯、猫灯、热狗沙发这样让人目瞪口呆又忍俊不禁的产品，颇有冒险精神。正如Studio

Job贯彻始终的理念——谁说设计一定要功能至上？我要的就是有趣！Studio Job&Seletti系列的每一件单品都称得上趣意横生，在功能至上的设计领域杀出一条血路。

这个系列里有一盏红唇霓虹灯深得我心，挂在家里，那种浪漫又暧昧的氛围很叫人着迷。

讲来讲去，就连Seletti本身也没有通过一句简单的口号来定义自己，不然他们的口号又怎么会叫做"(R)evolution is the only Solution"（进化/革命是唯一的解决方法）呢？到底是进化还是革命，比起给一个标准答案，我想Seletti更愿意用更多新奇有趣的设计来终结我们生活中的无趣。

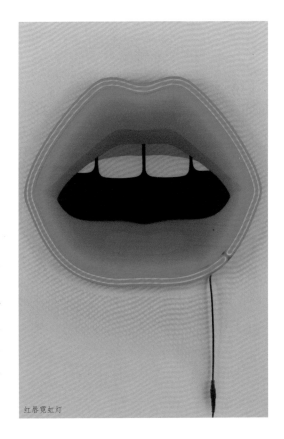

红唇霓虹灯

Studio Job设计的汉堡扶手椅、
热狗沙发、煎蛋地毯、猫灯

STRING
给我一款柜架我就能风靡全世界

2017年，瑞典邮局发行的一张邮票上就有String的架子。可以说，String的这个置物架系统真的做到了永不过时，很难想象它诞生于1949年，和新中国成立的时间一样长。

厨房模式，可以分隔出更多储物空间

如果你家有一整面大白墙，应该怎样来装饰它？纠结于挂画还是照片墙？对我来说这完全不是问题，我会毫不犹豫地安上String置物架，装饰、收纳两全其美。

一个置物架还能当装饰品，颜值高是一定的。关键它还是个实力派，收纳功能十分强大。你可能在很多北欧风格的装修中都会见到一个两侧是铁架，中间夹住几块层板的搁架设计，

家中里的String置物架

这就是String最经典的置物架了。

　　来自瑞典的String称得上北欧最早的家具收纳系统。2017年，瑞典邮局发行的一张邮票上就有String的架子。可以说，String的这个置物架系统真的做到了永不过时，很难想象它诞生于1949年，和新中国成立的时间一样长。

　　我觉得String的柜架很能反映那句经典的设计格言——少即是多。简单的两块侧边板和几块隔板组合成这样简洁清爽的置物架。但就是这么几个简单的部件，却可以组合成20世纪最重要的设计作品之一，特别是两侧的铁架，完全是设计史上最具符号性的设计元素之一。

　　为什么String的收纳系统这么受欢迎，只要去String的官网看看就明白

String的经典款

了。官网上有一个名为"Build your own String"（建立自己的组合）的专区，类似一个自由搭配组合的小程序，你可以选择不同颜色和规格的铁架、板材、柜体和配件，根据你所需要的尺寸组合出自己最

String 的面板有很多选择

满意的 String 收纳系统。

只要稍微浏览一会儿，String 的特性马上就了然于心——自由搭配，完全由你——String 的柜体和隔板选择很丰富，根据自己家中的实际需求，你可以选择不同长宽和不同深度来灵活组合，而且无论是两侧的铁架，还是中间夹着的隔板、柜体，都有不同的颜色和材质，进一步丰富了你的选择。

因为具有无限延伸的灵活扩充性，两侧的铁架可以说是 String 收纳系统的灵魂所在。通过这两侧干净、纤细的梯状设

卫生间模式，可以把柜门换成镜面

String版书桌

玄关模式

计，给了 String 置物架极大的灵活度，能够无限延伸成一个庞大的收纳系统。可以说墙面有多大，String 就能有多大！如此强大的多变性让它既能进得了大豪宅，也能满足小户型。

能够适应各种空间当然也是它能持续风靡的原因。把它作为书架，放上满满一墙书；也能放在客厅做展示柜和电视柜，一整面墙都是心爱之物；还可以放在厨房做橱柜，开放式和封闭式收纳相结合，还有专门为厨房设计的各种配件和临时桌面，满足简单的就餐需求，多方便！就连工作室也毫无压力，专门设计的办公桌可以与之连成一体。而且 String 还有一个 String plex 系列，两侧的铁架换成了透明的亚克力板，更加适合放在浴室里，配合这个系列也设计了许多大大小小的配件，非常贴心！

和宜家一样，String 从成立之初就使用了平板包装，降低了运输成本，可以走进更多人的家里。而且安装也很简单，计算好尺寸，拼接、固定在墙上就好，搬家时只要松开螺丝，也能轻松拆卸，一件用个几十年完全没问题。

说起来，String 能够成立，还多亏了1949年瑞典最大的出版公司 Bonnier 举办的一次书架设计大赛。Bonnier 举办大赛的动机也很简单——如果想让第二次世界大战后的年轻人多读书，那么也必须要有一个适合放书的地方。

拥有很高的颜值和收纳功能，既易于运输和组装，还不贵，这样的一个书架原

书房模式

侧面的铁架也可以换成亚克力的

本就存在于年轻设计师尼尔斯·斯特林宁（Nils Strinning）的脑海里。而正是这样一个契机，让他将想法付诸行动，从世界各地194个参赛作品当中毫无悬念地夺得了第一名。之后String就顺势成立，开始它风靡世界70年的辉煌之路。

当然，罗马不是一日建成，在String置物架之前尼尔斯就有过成功的设计经验。在那个还没有烘干机的年代，很多人只能用抹布擦干碗碟，尼尔斯在1946年设计的Elfa金属餐具架，就可以轻松架起餐具，用空气干燥碗碟，方便又卫生。

三年之后，他又和制造商阿恩·吕德马尔（Arne Lydmar）一起，研发出用塑料来包裹铁丝，解决了铁丝生锈的问题。之后吕德马尔创办了瑞典另一家极为成功的收纳系统品牌Elfa并稳步发展壮大。可以说，Elfa有了今日的成绩，也绝对离不开尼尔斯当年的创举。

反正我可是盘算好了，下回装修，一定要装一整面String墙，集中收纳又好看。没有一整面墙也没关系，String还有一款非常标志性的——String pocket收纳架，就是由两侧铁板夹住3块中间层板，清新简洁、小巧精致还不占地儿，各种颜色任你选。挂一面在家里，这不就是最好的墙面饰品了吗！

THONET
椅子中的椅子

得益于它的包装方式，14号椅成为世界上第一把量产的椅子，行销全球，甚至在清末被出口到中国。说它是一把改变了工业设计史的椅子也不为过。

　　我是麦当娜的铁杆歌迷，纵横乐坛几十年，她的舞台魅力最让人着迷。从出道到现在，她大大小小的表演我看了无数遍，不只是舞蹈动作和服装造型，就连表演所用到的道具我也如数家珍，这其中就有一把椅子让我印象极深。

　　麦当娜之所以长盛不衰，和她不断大胆改变自己的音乐风格与形象、引领潮流有着不可分割的关系。但百变如她，只要用到椅子作为道具，几乎全都选择相同的一把。我一直好奇为什么她如此钟情于这

麦当娜1990年的演唱会上用的正是 Thonet 的椅子

迈克尔·索耐特

18号椅

14号椅

把椅子，后来研究发现这把名为"18号椅"（现在改名为218号椅）的家伙来自德国品牌Thonet，被誉为现代家具的开创者。麦当娜之所以如此钟情这把椅子，是不是也在暗喻自己正是流行乐坛的开创者呢？

说起那些经典的现代设计品牌，每个牌子没有好几件传世的佳作都不好意思说自己是这个行业的经典。但Thonet就不一样了，它还真是那种只用一把椅子就能坐稳江山的品牌。

这里要说的就是被称做"椅子中的椅子"的14号椅（现在改名为214号椅），也被称为"维也纳咖啡椅"。这张诞生于1859年的椅子是Thonet家族中最著名的

设计，仔细看，这把椅子的椅背和后椅腿是由一根完整的木条弯曲而成。可别小瞧这根木条，弯曲木工艺是将木条放入100摄氏度的高温下不断蒸，直到蒸汽充分浸入木条至木条软化，再将木条通过模具弯曲定型。Thonet的蒸汽热弯曲木工艺开创了近代实木弯曲研究的先例，被誉为曲木家具发展史上的里程碑。

除了技术的革新，14号椅的组装方式同样开创先河——它是世界上第一把平板包装的组装家具，每把椅子由6个木制部件、10个螺丝和2个螺母组成，很容易组装和拆卸，大大降低了运输和装载的成本。这样的平板包装比宜家还早了近100年。

得益于它的包装方式，14号椅成为世界上第一把量产的椅子，行销全球，甚至在清末被出口到中国。说它是一把改变了工业设计史的椅子也不为过。

不过，14号椅的诞生非但不能说是顺风顺水，简直就是困难重重。Thonet的创始人迈克尔·索耐特（Michael Thonet）原本是个木匠，23岁就有了自己的家具作坊。1830年代，他开始研发热弯曲木工艺，并在1836年通过这种技术制成了第一把椅子。只是当时的人们对于他的这把椅子毫无兴趣，辗转英、法、德、俄去申请专利均告失败。

不过事情在1841年出现了转机，他的椅子在一个德国的展销会上受到了时任奥地利首相克莱门斯·梅特涅的赏识，不但给他打气，甚至邀请他去奥地利发展。千里马常有而伯乐不常有啊，遇到了贵人的迈克尔·索耐特心一横，关掉德国的厂子，带着妻儿举家前往维也纳。

有了靠山就是不同，在首相的大力推荐下，迈克尔·索耐特的设计不但得到了奥地利皇室的认可，还获得了奥地利政府颁发的专利，从此生意越做越大。

咖啡馆是当年欧洲主要的消费场所之一，维也纳更是欧洲最早出现咖啡和咖啡馆的城市之一。14号椅的诞生实在是时势造英雄，集各种优点于一身的它被大量运用在维也纳大大小小的咖啡馆里，再从维也纳的咖啡馆蔓延至整个欧洲，也难怪

14号椅后被称为"维也纳咖啡椅"

它会被称为"维也纳咖啡椅"了。

　　麦当娜有句名言——给我一双高跟鞋，我就能征服全世界。我想迈克尔·索耐特若是知道，可能会笑而不语，毕竟他早就用一把椅子，征服了全世界。

TOM DIXON
不玩音乐的电焊工不是好设计师

汤姆·迪克森的人生路讲出来也是奇葩事情一箩筐，不得不说他原本就是个自带"网红属性"的人！

前两年开始流行的黄铜热，一直到现在还势头不减，这一热潮不得不提到的人就是汤姆·迪克森。因为热度猛涨，一时间他似乎变成了顶级的设计师，可以和一大波前辈那样位列神坛了。

其实相对于设计界的前辈，把汤姆·迪克森称之为"网红设计师"也很合理，他之所以能在我们国内火速蹿红，除了产品品质确实没话说之外，很大一部分原因是他正好赶上了国内媒体和名人们一直鼓吹的"消费升级"大潮，占尽天时地利人和。

Tom Dixon 的灯具

黄铜茶具系列

金色，汤姆的东西清一色的黄金或玫瑰金色。实际上很多就是电镀黄铜，甚至是刷的铜漆，但看起来依旧金光闪闪，真的没法儿不让人心动。

不过在这么多小东西里，我最喜欢的还是汤姆的香氛蜡烛。其实我家里一直没缺过香氛产品，平日里总是换着点。我觉得一个香氛蜡烛的优点，除了好闻好看之外，持久留香也很重要。汤姆的蜡烛完全满足了这三点。自己闻多了有些麻木，倒是一位朋友，三不五时来家里做客，某天他突然说，"你家这是什么味道这么好闻"？我才意识到头天正好点过汤姆的Eclectic Orientalist香氛蜡烛，以往点其他蜡烛的时候可没见他这么说过。就连有次快递小哥来取件，站在门口也说，"你屋子里好香啊"。瞬间觉得汤姆这款蜡烛的扩散度和持久度都很牛！

现在很多人都觉得"网红"不是个褒

啥叫消费升级呢？从买3000块的沙发变成买10万块的沙发，显然不是社会大众能经得住的。多数人能承受得起的，刚好就是那些从一两百元上升到一两千元的升级。这个和所谓的"口红经济"也有些相似。十几二十万元的沙发我买不起，还不能买个Tom Dixon七八百块的香氛蜡烛回家？同样是世界名牌，只多花那么一点钱，就换回了生活上的享受和愉悦，这样的升级当然好！

于是借着这股东风，汤姆的黄铜文具、餐具酒具等这些造型前卫、品质精良又不会带来什么经济负担的小玩意，一下子就爆红了起来。而且，咱中国人都喜欢

Eclectic Orientalist 香氛系列

义词，但汤姆因为其一系列网红产品被
称为网红设计师也是事实。而且，他的
人生路讲出来也是奇葩事情一箩筐，不
得不说他原本就是个自带"网红属性"
的人！

20世纪70年代，少年汤姆就开始学
习制陶和绘画。那会儿他还未成年，按规
定学校是不允许未成年人去画室画人体素
描的，可他却总是悄悄溜进去，有些放纵
任性。

那个年代，不羁的人要么玩机车、要
么玩摇滚，而少年汤姆两样都占了。

18岁的时候，汤姆因为骑摩托车摔
断了腿，他干脆选择辍学搞音乐，在一个
乐队里负责贝斯弹奏，他日后应对公众的
自如态度就是在这两年里培养起来的。问
汤姆玩摇滚是啥体验，他说自己那会儿顶
多算是玩迪斯科。不过这也让我想起来去
年米兰设计周期间，他就以贝斯手的身份
重出江湖，在一场设计师们的派对上为经
典迪斯科舞曲《I feel love》伴奏，果然
一出手就是专业水准！

就在汤姆励志在音乐圈干出一番成就
的时候，老天又跟他开了个玩笑——这一
次他摔断了手。贝斯是弹不成了，未来怎

191

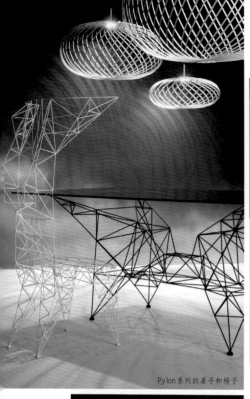

Pylon系列的桌子和椅子

S椅

作为一个并非"科班出身"的设计师，汤姆早期对设计的痴迷可以说正是来自于他能得心应手地焊接物品，而这一技能就像是给他打开了一个新世界的大门，一年内他甚至焊出了上百把椅子，创作力惊人

么办呢？想来想去，以前学过画，还在印刷厂干过一阵子，干脆来搞设计吧！

其实这倒不是一时心血来潮，他本就是个不乏创造力的人，平日里没事就喜欢找些破铜烂铁焊在一起，渐渐地竟从中发现了乐趣，通过电焊，他竟做出了家具。

这种奇形怪状的作品十分吸引眼球，他迅速遇到了伯乐，不出几年工夫就完成了从焊接工到设计师的华丽转型。

1986年为意大利品牌Cappellini设计的S椅使汤姆开始在国际上崭露头角，在前面讲Cappellini的时候我曾提到，汤姆说这把椅子的造型灵感其实是来自于一只鸡。不过，汤叔觉得S椅成功的秘诀还在于用纯羊毛包裹泡沫这种制作沙发的舒适、典型、传统的材料，做成了意想不到的、类似潘顿椅那样的非传统造型。如今这

Mirror Ball 吊灯

把椅子早已是纽约 MoMA 和伦敦 V&A 博物馆的永久馆藏，是他最具代表性的作品之一。

1990 年的 Pylon 椅不但是他早期的一大代表，后来更因为大受欢迎而延伸出一整个 Pylon 产品线，包括咖啡桌、衣帽架、烛台、水果碗等。这种错综复杂的三角网格交叉结构灵感正是来自于当年刚兴起的电脑三维建模的线框效果。在这个过程中，他一直在研究怎样让每一个焊接点更完美，怎样让直径只有 3 毫米的纤细钢结构不被压变形。这样一把椅子虽然谈不上多舒服，但辨识度极高，又极具装饰效果，放在客厅或者商业空间都非常合适。

作为一个设计师，汤姆的设计风格正在逐步形成。而 1998 年他成为了法国家居品牌 Habitat 的创意总监，在这样的大公司的工作经历让他对全球零售、采购、生产都有了更深入的了解。正是这样一个机会，给他日后创建自己的品牌铺平了道路。有了这样的经验，汤姆在 2002 年成立了自己的个人同名品牌也就不足为奇了。

在 Habitat 干了好几年后，汤姆对于设计已然有些疲沓了，这个时候他只想尝试一个反传统反设计的东西。于是按照自己的设想，他创作出了一个灵感来自于太空人面罩和 Disco Ball（迪斯科球）的巨大镜面球灯具 Mirror Ball 吊灯，希望通过这个镜面球来反射周遭的环境，从而能

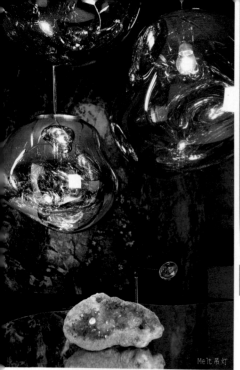

Melt 吊灯

相较于吊灯，Mirror Ball 的落地灯
更是霸气，高调张扬，不知道多少
客厅能撑得起这样一个耀眼夺目的
灯。话说回来，造型倒是让我想到
了圣诞树，用它来点缀圣诞节，圣
诞老人会不会来呢？

让自己变得"隐形"。实际上这个镜面球在推出之
后非但没有"隐形"，还成为一款全球大热的网红
产品！

其实汤姆·迪克森的网红产品，除了那些小玩
意儿，最火的就是灯具。要说我最喜欢的一款，就
是这个用吹制玻璃打造的 Melt 熔岩灯系列，似乎让
玻璃被凝固在一个热熔的状态，非常特别。

我第一次看到它是前两年的米兰设计周上，当
时刚好去一个汤姆操办的展。一进去展厅，头顶便
是这密密匝匝的铜色 Melt 吊灯。光线透过不规则的
吹制玻璃球射出来，那叫一个震撼，我甚至恍惚觉
得空中是一整片漂浮着的岩浆，又或者是一整片火
烧云，美得叫人心醉。

用一整片吊灯固然震撼，但只在家单独摆上一
件，也特别出彩。我有个朋友家里就摆了件台灯款
的熔岩灯，光线映在墙上的光影就像是泳池里的波
光一样，流光溢彩，漂亮极了。

不过，汤姆在国内认知度最高的一款灯具还要

Beat 吊灯

属Beat系列，也是款式最多的一条产品线。高矮胖瘦各不同的灯具造型灵感来自盛水的容器，因为造型简单，所以很容易被山寨，网络上随便一搜一大堆。

但实际上，真正的Beat灯的制作可是挺不易的。灯具的黄铜表面经过手工打磨抛光，而里面则全是手工敲打黄铜的痕迹，由印度北部的手工匠人逐一敲打出来，每制作出一盏都需要4天的时间，可以说每一盏都是独一无二的。

这个系列的每盏吊灯都可以单独购买，但我还是更喜欢造型不同的几盏组合到一起，搭配出"燕瘦环肥"的感觉，挂在餐桌或者吧台上方都会有很不错的效果。

看了这么多，说汤姆的产品适合用来"消费升级"的确很贴切，预算多的完全可以买张椅子或买盏灯回去，预算少点的话，买个香氛蜡烛或者餐具一样让人开心。总之，如果你也想让家里升升级，Tom Dixon的产品确实是一个不错的选择。

USM
以不变应万变

这样简洁又经典的造型，几乎可以适应任何风格的空间，家居、办公照单全收，能做到如此海纳百川的家具，我找不出比USM更包容的了。

每个人心里都有一些还没装修前就想放进家里的"必需品"，对我来说，伊姆斯夫妇设计的椅子算是一个、Gubi的灯是一个，USM的Haller系列家具也是其中之一。

喜欢它的原因很简单，就是因为它简单呀！模块化家具的特性给它带来了无数种组合方式，特别灵活多变，可以按照喜好和需求来选择尺寸和面板，有门无门、要不要抽屉隔断，全由自己说的算。它最妙的地方就是设计师完成了一半设计，把

USM的工厂

既是搁架又是隔断

我家这个电视柜就是USM Haller系列，从下单到收货安装，我等了好几个月。但好货不怕等，虽然造型简单，但做工真是挑不出一点毛病，不管是面板、连接的钢柱还是开合的铰链，感觉都非常细腻

书桌模式

剩下的一半交给使用者自己。感兴趣的话可以去官网，上面就有自行组合的小插件，可以把自己心中的蓝图实现出来，既有趣又有意义。

这样简洁又经典的造型，几乎可以适应任何风格的空间，家居、办公照单全收。能做到如此海纳百川的家具，我找不出比USM更包容的了。

USM储物柜最标志性的设计元素就是连接每一根钢架的小钢球。通过这样一颗颗小钢球，储物柜上的骨架就可以无限延伸组合，变化成各种造型来满足使用需求。

别看USM的造型如此现代，它也是一家实实在在的百年老字号了。1885年成立于瑞士的USM其实是做金属加工和锁具起家的，一直到20世纪60年代之前，USM核心业务都放在这些金属配件的领域，包

模块式的组合方式可以满足多重使用需求

加上万向轮变身推车

括铰链和精密加工的钢板等。虽然彼时和家具制造还八竿子打不着边，但却为以后的爆发打下了坚实的基础。

1961年，USM因业务需要扩大规模，找到建筑师弗里茨·哈勒（Fritz Haller）来设计自己的新工厂和办公大楼。在设计建筑之余，USM还找他一起设计开发了一组模块化办公家具，以便未来放在新的办公室里，这个模块化办公家具的名字就叫做USM Haller。

原本这些家具只是作为自用，但因其强大的组合性和耐用性以及高颜值而开始受到外界关注。1969年，巴黎一家银行向USM抛来橄榄枝，希望USM能为其生产

600组Haller系列家具。这一下子不得了，USM看到了其中的商机，抓住这个机会就开始转型，大规模投入家具生产，逐渐成了模块化家具的代表。Haller系列的家具更是在2001年被纽约MoMA博物馆选中，成为永久馆藏。

USM还有一个专门的网站来记录那些家具使用者与USM间的故事，很有意思，也很有温度。

有些家具个性十足、气场强大，是绝对的主角，却很难和空间融合；USM看上去四四方方、一板一眼，没什么特点，却能完美融合于各种办公、居家环境，擦出不同的火花。这也称得上是以不变应万变了吧！

带不带柜门可以自己设计

还可以做成办公室隔断

WESCO、 BRABANTIA、 VIPP

一个垃圾桶的诞生

据说 Wesco 的烤漆工艺和宝马、奔驰的一模一样，别人用在豪车身上的烤漆竟被 Wesco 用来涂垃圾桶……

有一个问题，对于我这样选择开放式厨房的家庭来说尤为重要，那就是如何选一个暴露在大家眼皮子底下也依然会发出赞叹的垃圾桶。

虽然家家户户都有垃圾桶，但千万别忽略了它作为一件家居单品的颜值的重要性。要说是封闭式厨房，可能稍好些，毕竟门一关，眼不见心不烦。但如果像我家这样面积小，还偏偏选择了开放式厨房，一个垃圾桶要被厨房、餐厅和客厅三者共享的情况下，它的颜值就显得尤为重要了。

好的家居品位不会遗漏任何细节，虽然我一早就看中了德国 Wesco 的垃圾桶，不过后来又发现了另外两个颜值超高的垃圾桶品牌——荷兰的 Brabantia 和丹麦的 Vipp，这篇就集中讲讲这 3 家我喜欢的垃圾桶吧。

德国人对于品质的坚持说出来地球人都知道，何况还是超过了 150 年的老牌企业 Wesco。但 Wesco 可不是老古董，它是以顶级烤漆工艺打造出无数缤纷色彩的垃圾桶而闻名于世的。据说 Wesco 的烤漆工艺

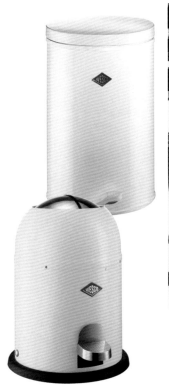

和宝马、奔驰的一模一样，别人用在豪车身上的烤漆竟被 Wesco 用来涂垃圾桶……而且 Wesco 还首创了左右开合式的桶盖设计，就连扔垃圾也变得更有趣了。

除了非常经典的简约造型，Wesco 还不乏一些相当俏皮的设计，比如火箭造型的垃圾桶，这也是我一开始最喜欢的设计，加上颜色鲜明、大胆，摆在家里就是一件现代感很强的装饰品。

Wesco 不但有着好看的外形和多彩的颜色，质量也是没得说。高品质的钢材不但让桶身异常坚固，每批产品出厂前，都

需要抽样进行 10 万次踩踏测试，通过之后才能进入市场销售。无怪乎他们会提供长达十年的质保期，看得出对自家的产品相当有信心！

现在 Wesco 也推出了智能垃圾桶，外表看上去没啥区别，却在桶盖处安装了红外线感应设置，只要人一靠近，桶盖就会自动打开。

其实品牌就和人一样，是否优秀除了看能力，还要看责任心。1985 年，Wesco 首次把环保分类垃圾桶的概念带入德国家庭，成为垃圾分类概念的环保先驱。

同样，Brabantia 也很有社会担当，制作垃圾桶的不锈钢和塑料里，98% 都是

Brabantia和奥兰·凯利的合作款

如果你不喜欢常规的垃圾"桶"造型，Brabantia这款看上去就是一个精致小边柜的BO触式垃圾桶，就是你的不二之选。为了方便打扫地面而特地抬高了桶身，4条细腿儿显得格外入时，同时在处理垃圾时又不用弯腰，非常贴心周到。轻轻一碰就能打开桶盖，还有1~3个内桶的搭配选择，方便垃圾分类，绝对是颜值控的首选

可回收材料，他们还立志在2040年的时候让这个数字达到100%。而且在垃圾桶的生产过程中不会排泄任何有害物质，就连工厂里排出的水，Brabantia也打包票说比政府规定的标准还要干净。

以生产牛奶罐起家的荷兰品牌Brabantia成立已经有100年了，目前各种产品差不多涵盖了厨房和卫浴的方方面面，但其中又以垃圾桶最有代表性。

Brabantia有一款很出名的垃圾桶，就是和英国时装品牌奥兰·凯利（Orla Kiely）联名推出的印花系列，将奥兰·凯利很具代表性的叶子纹样压印在桶身上，让垃圾桶整个变得时髦又活泼。

和Wesco一样，Brabantia也有10年质保服

Vipp垃圾桶

务，他们还精确测算出一个使用了10年的垃圾桶，平均的开关次数是3万次，而Brabantia为了力求品质，会在出厂前做10万次的开关测试，比一般的使用周期高整整3倍。

还有一个细节也非常人性化——金属的东西虽然好看，但很容易沾上指纹，一旦沾上就显得质感全无。Brabantia的金属桶身有专门的防纹设计，不容易沾染指纹，把很多人的强迫症都照顾到了。

要说上面这俩垃圾桶风格五彩斑斓、花枝招展，那下面这个就是"一个没有感情的杀手"了，它就是来自丹麦的Vipp。这么说是因为他们的垃圾桶不但设计干脆

利落，而且颜色的选择不是黑就是白，酷感十足。其实Vipp也曾推出过彩色款式，只不过黑白的颜色实在太过深入人心，加上又是源自北欧，所以就一直给人一种高冷的感觉。

当然，说它"没有感情"是玩笑话，恰恰相反的是，Vipp的诞生还是源于一段爱情故事。1939年，丹麦金属车工霍尔格·尼尔森（Holger Nielsen）的妻子要开家理发店，因为资金问题，霍尔格自己给老婆做了一个理发店里的垃圾桶。这个垃圾桶可谓功能至上，没有任何多余的设计，为了体贴妻子，方便她腾出手做其他事，他还利用杠杆原理做出了一个脚踏，用脚轻轻一踩就能打开桶盖。这个爱情故

经典款（前）和现在的款式

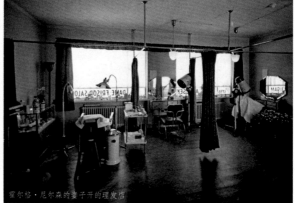

霍尔格·尼尔森的妻子开的理发店

霍尔格·尼尔森和妻子

事有个流传更广的名字——世界上第一个脚踏式垃圾桶的诞生。

原本只是给老婆专享，没想到店里的女客人看到这垃圾桶就两眼放光，纷纷请求霍尔格出山，于是Vipp就在盼星星盼月亮中诞生了，可以说是众望所归啊。

2009年，纽约的MoMA现代艺术博物馆将Vipp的垃圾桶列为了永久馆藏，我想这也是作为一个垃圾桶能受到的最高礼遇了吧！

其实这三家垃圾桶，很多功能都有所趋同，比如脚踏式设计；双层分离式桶身；桶盖有防止异味的橡胶密封圈；垃圾桶的底部都有防滑圈的设计等，都是这3个品牌的相似点。而且作为垃圾桶界的巨人，他们始终影响着其他所有垃圾桶的设计和开发。其实我家现在还是没有一个像样的垃圾桶，原因正是一直在这3个当中徘徊，换作你的话，会选哪一个呢？

黑白款是Vipp最经典的颜色

野兽派

既是造梦者，也是践行者

井柏然家里的软装设计，野兽派自然是没少出主意，这恰恰也是一种最能诠释出野兽派家居精髓的风格。

在没有 The Beast 野兽派花店之前，我和大多数人一样，对于"野兽派"这3个字的认知就是一种西方的艺术风格。但今天，只要提到这3个字，相信许多人脑子里首先冒出来的毫无疑问是野兽派花店。就像在麦当娜之前，人们说起"Madonna"这个词，想到的肯定是圣经中的圣母，而自从麦当娜横空出世，现在随便搜索一下"Madonna"，前十页几乎很难出现麦当娜之外的任何人。

野兽派就有这样的魔力，短短几年时间就能将我们彻底洗脑，从此提到"野兽派"，想不到马蒂斯，却总能想到井柏然（野兽派长期代言人）。

名字取得够大胆，野兽派的发展也不平凡——2011年忽得在微博上冒出来卖花，却没有品类选择和目录清单，客人要买花只能将送花对象和自己的情感故事和盘托出，野兽派再根据故事，定制出独一无二的花束。

这样的卖花模式在当年可谓绝无仅有，用一个个打动人心、或浪漫或凄美的故事来卖花，野兽派在微博异军突起，迅

和House Of Hackney
合作系列

速积累起大批粉丝。像我这样本来就喜欢花艺，还是个"伪文艺青年"，妥妥地就被野兽派吸引了。

随着这些年的发展，野兽派如今早已打通了线上线下的壁垒，成为众人皆知的品牌。

当上了花艺界的领跑者，野兽派也在面临转型。现在我们去野兽派的店里，不但有花艺相关的各类产品，其他的像是香氛、灯具、家居饰品、珠宝首饰、美妆护肤等各种美好的东西琳琅满目。不得不说野兽派的选品很有一套，看似给人提供一个购物场景，其实是给人描绘出一个生活的蓝图，让人对精致生活产生无限憧憬，每次逛进来就给人一种想要拥有它们的冲动。

在野兽派涉足家居生活这个领域后，它又开始了进一步职能细分，先是有了Beast Home这样的精品家居买手店，一举引进Moroso、Gubi、Jonathan Adler这样的高端设计品牌，更是开创了全新的概念

家居品牌T-B-H，自己研发起了家具，全面侵占家居市场。可以说如今的野兽派已经超越了一个品牌的定义，变成了一个全方位的生活方式和生活文化的代表了。

说到野兽派文化的传播者，自然离不开它不计其数的明星代言人，在这些人当中，我觉得和野兽派气质最吻合的就是井柏然。

当初井柏然的家一经曝光就红遍网络，让更多人在彼时大肆流行的北欧风和"断舍离"之外，看到了另一种艳而不妖、浓而不腻的装饰风格，他本人也一举成为国内家居生活方式的引领者。而井柏然家里的软装设计，野兽派自然是没少出主意，这恰恰也是一种最能诠释出野兽派家居精髓的风格。

我们有样学样，想要打造出井柏然那样个性又别具风情的家，野兽派的产品是必不可少的。Beast Home和英国的家居家

"上海馄饨"沙发

"拥抱我"丝绒床

饰品牌House Of Hackney合作，将House Of Hackney最具特点的植物印花运用到一系列丝绒脚凳和沙发上，让这些家具显得复古又时髦，放在家中还有一丝异国情调，细腻丝滑的触感也让家中的质感提升不少。

同样是优雅的复古风格，"拥抱我"系列的平绒沙发也深得我心。一体式的沙发靠背和扶手弯成环状，就像是一个臂弯一样将人环抱起来，给人一种舒适柔软的触感。低饱和度的纯色面料不但更加经典耐看，平绒的手感细腻、光泽柔和，还不会倒绒，坐躺都不会留有痕迹。水滴状的金属沙发腿设计是另一大亮点，让整体显得更加精致，可以说是又美观又实用。这样一个造型感强的沙发，哪怕不靠墙放，一样能点亮整个空间!

相对于走成熟路线的Beast Home，野兽派新开发的家具品牌T-B-H则大走年轻时髦的路线。和设计师李希米合作的"上海馄饨"沙发因其圆咕隆咚的造型让人一见倾心，看上去就舒适极了，好像有一种把人吸进去，如馄饨馅一样包在里面的魔力。沙发的面料来自丹麦国宝级面料品牌Kvadrat，不论是设计还是做工都是让人强力推荐的理由。

曾经的野兽派给我们造了一个梦，而如今，野兽派用它那包罗万象的选择，亲手将这个梦变为现实，让越来越多的年轻人相信自己也能打造出一个井柏然那样完美的家。既是造梦者，也是践行者，对于野兽派的下一步计划，我依然充满期待。

低调的配色也无法掩盖"拥抱我"系列丝绒床的强大气场，特别是宽大的高靠背床头板设计，就像是霸道总裁一样给你强而有力的依靠，绝对是卧室中的视觉焦点。

"拥抱我"丝绒沙发

中国设计的崛起

打动你，我们有的是时间

我们也有了越来越多值得被推荐的好设计。放眼未来，我想人们再谈起中国，"Made in China"的标签也一定会转变为"Design in China"的。

最后，来讲讲我们中国的原创设计。

之所以没有单独来讲一个个品牌，并不是觉得这些原创品牌撑不起一篇单独体量的内容，而是现阶段这些品牌都处于一个显著的上升期，将他们归拢到一起，反而更有可能从中摸出点共性，给其他原创品牌提供一个参考，让我们自己的好设计彼此借鉴，共同进步。

早前我在朋友圈发过几张自己下厨的照片，做饭的手艺没怎么获赞，倒是照片里的菜板让好多人眼前一亮。

六欲菜板

衣服架子

谁住北方谁知道，天气干到薄一点的实木菜板都会变形、开裂，惨不忍睹。而这块浑圆的黑胡桃实木"六欲菜板"实际上是一根根厚达40毫米的宽窄实木条组合拼接而成，让整个结构更加稳固，不易变形开裂。

虽说只是张菜板，但它的设计也颇有讲究。菜板侧面不但做了一根把手，而且还是不锈钢电镀拉丝处理的，看上去就像黄铜一样有质感。与把手对应的菜板下端还有一个扣手槽，方便配合把手两手端拿，非常贴心。

菜板的正面恰好用激光雕刻上了品牌的名字——十二时慢。这是一个非常写意、非常"中国"的名字，古时人们将一天分成十二个时辰，十二时慢希望每一天的每

一个时辰，都能够慢慢地、用心地去过。

他们有句口号我很喜欢——打动生活，我们有的是时间。这也是为啥他们成立品牌后长时间里只有衣服架子这一件产品——不要急于证明什么，用心打造出真正的好物比什么都重要。也正是因为用了心，衣服架子一问世就大受欢迎。架子由手工精雕细琢出来，原木、黄铜加上头层牛皮的组合，让整个架子显得非常有质感，看似简单的架子上有着丰富的设计细节。大到床单被套，小到一串钥匙，全都能往上挂，可以说是玄关、卧室两相宜。

十二时慢还有一款意境超然的作品——渔夫灯。团队从渔夫的斗笠汲取灵感，勾勒出一幅垂钓的景象，将东方美学的抽象写意通过现代设计发挥得淋漓尽

品沙发系列

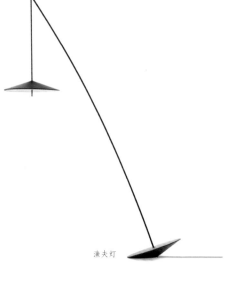

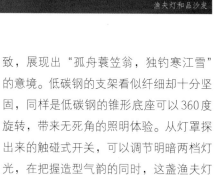

渔夫灯和品沙发

渔夫灯

致，展现出"孤舟蓑笠翁，独钓寒江雪"的意境。低碳钢的支架看似纤细却十分坚固，同样是低碳钢的锥形底座可以360度旋转，带来无死角的照明体验。从灯罩探出来的触碰式开关，可以调节明暗两档灯光，在把握造型气韵的同时，这盏渔夫灯也相当注重功能性。

有些衣服可以正反两面穿，十二时慢也出了一张可以正反两面用的品沙发，一面是意大利头层牛皮，光滑细腻，带着柔软的奢华；一面是100%亚麻材质，有着天然的粗糙感，朴实而素雅。实心镀钛不锈钢架暴露在外，显得个性十足、很有设计感。坐垫和靠垫里是海绵包和鹅绒分层填充起来的，柔软、弹性好，加上少有的860毫米的坐深，让人只想整个躺在上面。

成立好几年，十二时慢虽然产品不多，但精品还真不少，对于未来？不着急，反正有大把时光。

中式风格的家具品牌往往喜欢强调意蕴，除了十二时慢，梵几也是如此。创始人高古奇说，"梵"是净空与安静的意思，"几"是家具，意为净空安静的家具，同时梵几又是"凡几"的谐音——平凡的家具，梵几希望给市场带来一些实实在在为生活所用，并自然融合在生活中的家具，这就是梵几的哲学。

最早关注到梵几，其实是因为他们在

梵几国子监店

梵几还有一款组合整体门厅柜，有10种不同的柜单元和底座可供选购，包括鞋柜、抽屉柜、帽柜等，可平行或叠加摆放，自由搭配，非常灵活多变

北京国子监的体验店，这个被誉为北京胡同里最美的一家店是个妥妥的网红店。它被打造成胡同里的一间寓所，有客厅，有厨房，有卧室，里面全部都是梵几的家具。虽在室内，却鸟语花香，让人充满了对于老北京胡同生活的向往，进来了就不想走。

身处在这样一个情境中，好好体验一把梵几的家具和生活哲学，自然而然就会迷上它。

虽然我对于木质的家具没有那么感兴趣，但当初看到梵几的多格杂志架，还是不由得喜欢上。密集排列的隔板具有很强的分类功能，除了书和杂志，也可做档案柜或者黑胶唱片的收集柜。如果家里书籍杂志日益增多也不用怕，上柜和下柜可以单独买，也可以组合购买，灵活性超高。如果家里是个大开间，用它作为一面隔断也很不错，又好看又实用。

单纯的中式风格已经无法满足年轻人的喜好或适应现代居室的需求了。梵几用布料与实木结合，突破颜色和中式家具中单纯木料的局限，赋予了中式家具新的设计语言，最具代表性的就是创始人高古奇自己设计的螳螂椅。

螳螂椅

周宸宸为梵几设计的宽椅用纤细的
金属框架和上乘的羊毛材料打造出
东方气韵。造型轻盈、配色雅致，
和螳螂椅有着异曲同工之妙

螳螂椅的灵感源自高古奇偶然在自家后院种的西红柿藤上发现的一只螳螂，椅腿有着螳螂的姿态，整体圆润顺滑，扶手的线条像极了螳螂前足内收的曲线。椅座和椅背用杨木和桉木多层曲木板结合高回弹海绵，再覆上进口羊毛面料，不论是触感还是坐感都很柔软舒适。

走进每个中国家庭是梵几最大的目标，这就意味着设计的风格也不能一成不变。2018年梵几推出了与设计师周宸宸共同打造的新产品系列"FF线"，更加贴近当下年轻人的选择。周宸宸是国内新锐设计师中的代表，不但与各大品牌展开合作，还拥有自己的独立设计品牌Frank Chou设计工作室。

在这些作品里，指环落地灯是最特别的一款，流畅的圆环线型一气呵成，让它

指环落地灯

Tone 沙发

既摩登现代，又不乏东方韵味。不同于一般的照明方式，落地灯的照射方向为背面发光，光亮投影在墙面形成一道柔和的光环，为空间带来耐人寻味的氛围感。充满雕塑感的造型看上去就像一个装置艺术品，黄铜支架在光晕的渲染下显得越发精致。

除了和诸多品牌的合作，周宸宸自己的品牌也做得风生水起。我家客厅里的沙发就是来自Frank Chou设计工作室的Tone沙发。当初在家具展上一看到它就一见倾心，简约流畅的圆润造型搭配深浅两种色调的灰，显得精致耐看，2000毫米的长度对我那面积不大的客厅来说简直不能再合

适了，于是当时二话不说就赶紧找周宸宸下单。

Frank Chou设计工作室的作品非常现代简约，符合时下很多年轻人的居室打造方向。以往我们在装修时的选择确实非常有限，除了宜家和无印良品，国外的家具品牌价格太高，国内家具城里又几乎找不到设计审美与价格俱佳的单品。而这几年，国内原创家具的崛起，让年轻人在装修的时候逐渐有了更多的选择，其中，造作就是一个不可不说的品牌。这个发迹于互联网的品牌成立之初只在线上售卖，短短几年的飞速发展后，如今造作的实体店已经在北京、上海、深圳、杭州等城市开

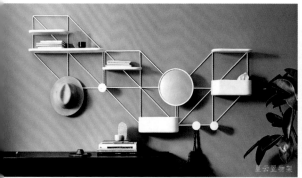
星云置物架

上、中、下皆为Cosmo星格系统

出了10余家。

造作虽然立足于中国，却绝对是放眼全球的世界性品牌。品牌旗下2000多件产品虽然全部都是原创设计，但却并不局限于"中式设计"这一范畴，签约了100多位世界各地设计师的造作更愿意创造一种跨国界、无标签的现代设计语言。

像品牌的创意总监，就是意大利著名设计师卢卡·尼切托（Luca Nichetto），为造作带来了丝绸椅、星云置物架、弓椅、Cofa沙发等诸多颇具代表性的产品，其中我最爱的就是灵感源自于浩瀚宇宙的星云置物架。

简单的几何元素往往最能塑造出意想不到的好效果，星云置物架就是如此。这个单元化的墙面置物设计用蜂巢型铁架和6个简单的功能配件自由连接，包括长短板、圆板、储物盒、镜子、挂钩等，组合成多功能的趣味置物系统。而多形态的组合方式也让我们转动脑筋，在墙上打造出属于自己的私人小宇宙。

卢卡还为造作带来了全屋自由定制的模块化成品家具系列Cosmo星格，和之前提到的梵几门厅柜异曲同工，却更加宏大——最小80厘米，大至无限的Cosmo星格通过23个不同功能材质的模块，自由连接组合，变换形态，无论大小空间、特殊户型都可以打造出整面收纳空间。定制化的空间解决方案轻轻松松就能实现。

造作还有一款灵感源自星空的地毯，利用点线的几何构成，勾勒出星罗棋布的样子，浪漫又充满趣味

甜点多用边桌

马卡龙沙发

对于小户型来说，多功能的家具往往更受欢迎。像这件一物多用的甜点多用边桌，就集合了边几、坐垫和置物架的三种功能。环形立柱与顶盖可以轻松卸除，三个坐垫可以收纳于圆环立柱内，实用又美观。家里来客人的话，边桌可以立马变成2~3人的小坐墩，非常方便。

和造作一样，吱音也是这几年通过互联网迅速成长起来，并越来越受年轻人喜爱的原创设计品牌。

从淘宝起家的吱音，相对于前面几个品牌，有着更便捷和亲民的认知通道。特别是2016年，潘通年度色静谧蓝与粉晶色大肆流行，吱音与建筑师张轲以马卡龙甜点为灵感，带来了粉红与粉蓝两款马卡龙沙发，一下子就成为了网红爆款，吱音也因此走进了更多的家庭。

这款小巧的马卡龙单人沙发一看就非常"可口"，放在家里就是一道特别的亮点，半圆的靠背和扶手又给人舒适的坐感，用它来休闲或者学习、办公都可以。

吱音还有一款很红的产品——梅花镜，它的设计灵感源自江南园林的花窗。光影错综交映下的花窗使空间景致变得更

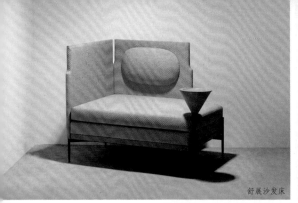
舒展沙发床

梅花镜

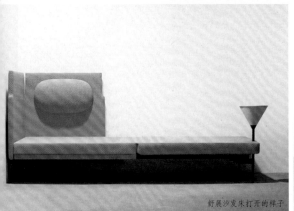
舒展沙发床打开的样子

暖眠沙发床

加动人，在一个封闭的现代居室中点缀上这样一扇做工精致的梅花镜，就像是给房间开了一扇花窗，充满灵气。

和很多国外的家具大牌不同，中国的原创设计品牌对小户型似乎更加友好。拿吱音来说，就有好几款沙发床满足小户型的居住和使用需求。而且吱音还用设计证明了沙发床并不是局促的象征，即使是临时留宿，也可以舒适又有仪式感。我很喜欢的这款舒展沙发床，合上时就是一个宽大舒适的单人沙发，边侧的"小漏斗"边几巧妙地带来视觉平衡，取下边几上的小托盘，漏斗还可以放下遥控器等小物件，非常方便。

来客人时，将底板抽出展开，再将其翻折，就可以变成一张舒适的单人床了，还可以将沙发上的靠垫拆下来作为枕头，可以说是非常贴心了！

吱音还有一款很红的暖眠沙发床，再一次证明吱音就连沙发床这样最不容易出彩的家具都能做得这样好看。圆润流畅的曲线很具设计感，适合放在小户型客厅中作为主沙发，一拉二翻后又能变成一张宽大的双人床，特殊定制的棕榈垫使得整体软硬适中，即使年迈的老人也一样可以安睡。近两年吱音还专门开设了儿童家具线，未来也定会不断给生活带来惊喜。